狗狗食谱

零食与鲜食亲手做更健康

景小俏 编著

人民邮电出版社

北 京

U0279793

图书在版编目（CIP）数据

狗狗食谱：零食与鲜食亲手做更健康 / 景小俏编著
. — 北京：人民邮电出版社，2021.7
ISBN 978-7-115-53887-1

Ⅰ. ①狗… Ⅱ. ①景… Ⅲ. ①犬—饲料 Ⅳ.
①S829.25

中国版本图书馆CIP数据核字(2020)第074749号

内 容 提 要

养宠的我们把狗狗看成自己的家人，希望它们可以健康地长大，并快乐地陪伴在我们身边。大家也越来越关注狗狗的生活质量，其中对饮食的关注度很高。自制狗狗饭食因其新鲜、天然等特点受到大家的欢迎，很多人都想尝试制作。本书针对入门新手，与大家分享狗狗饮食中基础的零食和鲜食制作知识，解答常见问题。

本书共7章，第1章和第2章先介绍狗狗饮食基础知识以及自制狗狗饭食需要做的准备，包括狗狗的饮食习惯、狗狗的营养需求以及自制饭食的基本知识和所用工具。第3章到第7章，分别介绍烘干零食、营养饼干、甜品等零食，以及浓汤和饭团等鲜食共33个自制狗狗食谱。本书图文并茂，详细展示了从食材准备到制作的全过程，烹饪零基础的狗狗家长通过本书也能为自家狗狗做出美味食物。

本书适合狗狗家长以及宠物相关行业的人员阅读、参考。

◆ 编　著　景小俏
责任编辑　魏夏莹
责任印制　周昇亮

◆ 人民邮电出版社出版发行　北京市丰台区成寿寺路 11 号
邮编　100164　电子邮件　315@ptpress.com.cn
网址　https://www.ptpress.com.cn
北京捷迅佳彩印刷有限公司印刷

◆ 开本：787×1092　1/20
印张：7.2　　　　　　2021 年 7 月第 1 版
字数：181 千字　　　2025 年 3 月北京第 17 次印刷

定价：59.80 元

读者服务热线：**(010)81055296**　印装质量热线：**(010)81055316**
反盗版热线：**(010)81055315**

写在前面

　　"自制的饭食可能是狗狗最好的食物，也可能是最糟糕的食物！"美国一位致力于提倡宠物自然饮食的宠物专家——卡伦·贝克尔博士（Dr. Karen Becker）曾这样说。她公布过一个宠物饭食健康排行榜，其中把依据人的饮食观念烹饪后的宠物饭食列在了榜单的最末。后者大多数缺乏宠物需要的矿物质和微量元素，长期大量食用会导致宠物营养不良，这也是我们不乐意看到的事情。

　　亲手为狗狗制作饭食，需要对它们的身体结构以及营养需求有充分的了解，最好能得到专业的宠物营养师的指导。很多家长并不了解狗狗的真正需求，往往会按自己的偏好来选择食材，这样狗狗特别容易营养不良，比如某些营养元素严重缺乏、某些营养元素摄入过量，严重的还有可能导致某些疾病。

　　这其实也是笔者写本书的初衷：养狗狗的家长们可以通过阅读本书，对狗狗需要的主要营养元素以及适合的食材特性有所了解，有针对性地为狗狗制作饭食，这样才能保障狗狗日常膳食的安全和健康。

　　本书共 7 章，第 1 ~ 2 章是开始动手做饭前需要了解的狗狗饭食基础的营养知识等；第 3 ~ 7 章是饭食食谱，每一章介绍一类功能性饭食。其中最后两章分别介绍专门为狗狗设计的营养浓汤和饭团，可以根据不同狗狗的营养需求，补充相应的营养元素。

　　这些饭食基本上涵盖了狗狗日常需求的饮食场景，家长们可以尝试亲自动手为狗狗制作美味的营养饭食。让饭食更加健康，让陪伴更加长久。

景小俏

2021 年夏

推荐序一

　　拜读过景小俏老师的第一本专著《我和毛孩儿的幸福食光》，写得生动、有趣、专业、新颖，成为我经常翻阅的案头必备书。景小俏老师是业内宠物烘焙营养名家，主流媒体节目必邀嘉宾，创办了宠物营养烘焙学院，桃李满天下。有幸提前翻阅这本《狗狗食谱 零食与鲜食亲手做更健康》，本书内容详实，可读性强，颇具专业水准，推荐宠物业内人士和毛孩子家长阅读。

邓荣臻

中国出入境检验检疫协会宠物产业工作委员会秘书长

推荐序二

很高兴景小俏老师邀请我为她的新书《狗狗食谱 零食与鲜食亲手做更健康》写序。

我投身于宠物行业多年，专注于宠物行为的研究，常常要从生物学角度探讨宠物的行为以及其行为背后的本质。感触较深的是，我们人类也是动物，在生物学方面和宠物有非常多相似之处，所以我们也需要了解自己。其实，我们一生中不断追求的就是要满足需求，包括：生理需求、安全需求、归属需求、尊重需求和自我实现的需求。这是人类天性中的内在本质，即使在不同的文化中也是相通的。

那么我们到底为什么要养宠物？是因为我们需要获得归属感！这是马斯洛需求理论的第三层需求。它不同于一般的社交需求，指的是亲情、爱情等亲密的情感和亲密的接触需求。在满足了基本的生理需求和安全需求后，人们会强烈地感到孤独、无助，渴望同他人建立一种深情的关系，渴望在团体和家庭中有一个位置。现代社会的流动性、家庭的分崩离析、代际之间的隔阂和城市化的发展，都更加激发了人们对归属感的渴望。养宠物就是为了满足这个精神需要。

景老师是国内最早开始在宠物营养和烘焙食品领域进行研究、制作和培训的老师，我非常认可和敬佩她的专业能力和精神。我知道为宠物"做饭"意味着什么，以及这对于建立亲密关系有多么大的帮助。景老师在本书中从营养学的角度阐述了鲜粮的好处和制作工艺，我相信这是科学的、有益的喂养方式。书中还提供了很多菜谱和烘培方式，更有花式糕点的制作，和我们人类的糕点、美食如出一辙。

好的关系不是索取而是付出，我相信愿意为自己的宠物花时间、精力做饭的主人得到的一定不仅仅是宠物的健康，还有亲密关系中的满足感。所以我强烈推荐您翻开这本书，愿您在给自己的宠物烹饪的同时收获健康、快乐和爱，这是一种双修！

何军

中国宠物行为与训练行业"正向训练法"创建者

劳动和社会保障部《国家宠物驯导师职业标准》编写人

中国宠物训练行业和宠物训练师职业奠基人

《中国宠物行为与训练行业发展论坛》创办者

目 录

•>> 第 1 章 狗狗需要自制饭食

第 2 章 狗狗需要科学喂养

第 3 章 花样肉干零食——烘干类零食

第 4 章 狗狗的营养饼干

第 5 章 狗狗的美味甜品

•» 第6章 狗狗的营养浓汤

•» 第7章 营养饭团

第 **1** 章

狗狗需要自制饭食

1.1 为什么要自制饭食

自制狗狗饭食一般使用天然的食材，不会添加防腐剂。虽然保质期都会比较短，但是食物非常新鲜，不但口感会令狗狗喜欢，也有利于它们的健康。

1.1.1 自制饭食，让狗狗的食欲大增

新鲜的饭食不仅气味鲜香，水分也较多。比起干狗粮，狗狗更喜欢高水分的食物。给狗狗吃鲜食，你会发现它会十分开心。

1.1.2 自制饭食大多由天然食材制作，不含有额外的食品添加剂和防腐剂

给狗狗制作食物，选择便于购买的常见食材即可。一年四季，食材种类非常丰富，家长们可以根据不同的季节、不同的地域来选择身边容易购买到的食材，满足不同的狗狗的营养需求以及口味的需求。这些天然食材，没有额外的防腐剂或者其他食品添加剂，对于狗狗的健康很有利。也因如此，饭食的保存时间不会很长，家长们要合理地储存，不要将变质的食物让狗狗食用。

1.1.3 自制饭食更容易被消化，狗狗可以更充分地摄取其中的营养

家庭自制饭食可以选择优质的食材，控制蛋白质和碳水化合物的摄入比例，更有利于狗狗对食物的消化和对营养元素的吸收，带给肾脏的压力更小，排便量变少，便便的臭味也会减小。给狗狗食用新鲜食材制作的饭食真是好处多多，能够整体提升狗狗的抗病能力。

1.1.4 自制饭食的制作方法灵活多变，满足不同狗狗营养及口味的需求

饭食的烹饪方式灵活多变，不同的温度与不同的食材可以展现出不同的风味和特色。蒸、煮、炖、烤、煎等，每一种烹饪方式都有独特之处，狗狗也可以和我们一样，感受不同烹饪方式带来的食物风味的变化。

为不同年龄阶段的狗狗烹饪，可以选择不同的方案。对于健康的成年犬，适当增大肉块，可以增强其进食的乐趣，还原其猎食的本性；这种情况，更多地体现在啃咬烘干的磨牙零食过程中；对于牙齿还未完全发育的幼年狗狗和牙齿功能退化的老年狗狗来说，肉糜状的食物可能更加适合。

1.1.5 自制饭食可以更有针对性地改善狗狗的营养需求

自制饭食的食材选择和搭配更加灵活多样。在某些特别时期，狗狗可能会对某种营养元素的需求增多，如在皮肤病发病期，需要摄入更多的维生素 B 族元素来提高皮肤的抵抗力和修复能力；在孕期和哺乳期，狗狗需要非常丰富的钙来保证幼犬的健康。鲜食中的水分含量高达 60% ~ 80%，可以保障狗狗日常对水分的摄入，这会大大地降低不喜欢喝水的狗狗因饮水量过小而引发的泌尿系统疾病的概率。我们可以根据对狗狗营养需求的了解，有针对性地选择相应的食材来进行合理的搭配，来尽可能保障狗狗的健康。

1.2 我们可以给狗狗制作的饭食种类

1.2.1 狗狗的零食

烘干肉干和磨牙饼干。它们的特点是水分比较少，硬度比较高，适合作为狗狗日常训练或者磨牙的功能性零食。

1.2.2 狗狗的特制"甜点"

当你享用美味的下午茶时，也许你的狗狗就坐在你的身边，正两眼充满期待地望着你，它多么希望可以和你一起共享美味。再比如，在狗狗过生日的时候，给它制作一款专属的小蛋糕，这是多么美好的场景。

但我们知道，高热量的甜食对于狗狗来说并不是理想的食物。那我们就来为狗狗特别制作"甜点"作为它们的下午茶吧。

1.2.3 狗狗需要特殊照顾

狗狗也会有特殊的生长时期,特殊时期需要特别的照顾。比如怀孕的"狗妈妈",抑或是高龄的"狗爷爷",我们可以为它们制作营养的鲜食料理,或者美味的汤羹来满足它们日常的营养需求,改善它们的身体状况。

1.2.4 真正意义上的科学自制

科学自制不是简单的食材堆积。

曾经看到过很多家长给狗狗制作鲜食,虽然也会随着时令而变化,却忽略了狗狗对不同营养元素的需求。食材的选择不够合理,营养元素的摄入不够均衡,导致狗狗生病,这是我们最不愿意看到的结果。所以说,科学自制饭食,不是简单地堆积食材,而是要有合理的选择和正确的比例。

曾经有一个学生跟我讲,他平时买最好的食材给他的狗狗制作食物,按照以肉类为主的原则,并且添加了丰富的蔬菜和水果。但是经过一段时间的喂食之后,带狗狗去体检,医生告诉他狗狗缺钙很严重。他非常惊讶、不解,觉得很委屈。通过这件事情我们可以很好地理解,科学自制并不等于简单地堆积食材,而是要兼顾狗狗身体对六大营养元素的需求量,并摄入均衡和丰富才可以让狗狗健康成长。所以说,给狗狗制作饭食,是一件非常专业的事情,并不是件很随便的事情。

第 **2** 章

狗狗需要科学喂养

给狗狗制作的零食，一定要少量喂食。虽然这些零食的热量并不需要精准地计算，但一般会比大多的狗粮热量高。狗狗特别喜爱这些零食，很多小狗会贪食。如果家长们不加以控制，就很容易导致狗狗的某些营养元素摄入过量，也会导致挑食或肥胖。

2.1 科学喂养从了解狗狗开始

　　狗狗有着与人类不同的身体结构，在食物的偏好和接受程度上也与人类有着较大的区别。有时候，你闻起来非常香的食物，狗狗好像并没那么喜欢；再或者，你觉得吃起来很过瘾的冰激凌，却会让它们腹泻好几天。这些生活中常见的事例，皆因我们对狗狗的了解不够而发生。

2.1.1 狗狗的嗅觉

　　与人类复杂的饮食选择方式——看、闻、尝不同，狗狗拥有上亿个嗅觉细胞，对食物的第一判断是通过鼻子来完成的，就是"闻"。当一种食物的香味非常突出，抑或是鲜味很浓郁时，狗狗往往会非常欣喜。

★ 小俏爱的提示

　　★ 因为狗狗的"嗅觉决定论"，在日常喂养时需要额外注意短鼻子的狗狗。它们相对于长鼻子的狗狗来说，嗅觉没有那么灵敏，在判断食物的过程中，闻的时间就会久一些，闻的力气也会大一些。所以，我们要尽量避免喂食粉末状态的食物给狗狗，避免狗狗因粉末吸入鼻腔而造成不适。

2.1.2 狗狗的口味

它们舌头上的味蕾要比人类的少很多，所以味觉会比较迟钝，但仍可以感知"酸、甜、苦、辣、咸"。狗狗比较偏爱甜味和咸味，所以红薯、南瓜、苹果等带有甜味的食物普遍较受狗狗欢迎。

● **酸味**　食物（食材）：醋、柠檬、酸奶、奶酪

不同程度的酸，也会影响狗狗的喜欢程度，酸度过高的食物，狗狗恐怕也很难喜欢。比如柠檬和醋很容易导致食物酸度过高，我们要掌握好这两种食材（或食材搭配后）的酸度，将其控制在一定范围内，狗狗就会喜欢了。再有一种是发酵类食物，如酸奶和奶酪，它们的酸度适中，并且富含丰富的蛋白质和脂肪，在味觉和营养上都很适合狗狗。

● **甜味**　食物（食材）：南瓜、红薯

从口味上来说，狗狗是非常喜欢甜食的。但它们的肠道对糖类尤其是双糖类的物质接受能力有限，而且很容易因糖类引发肥胖和糖尿病，所以我们并不建议给狗狗喂食含有蔗糖的双糖类的食物。这时，南瓜、红薯等有甜味口感的食材就是很好的选择了。

● **苦味**　食物（食材）：苦瓜

狗狗并不喜欢苦味，若你把带有浓烈苦味的食物给它们吃，它们会表现得毫无兴趣。但因为狗狗的味觉很弱，所以对于少量的微苦食物，它们可能并不能察觉。

● **辣味**　食物（食材）：辣椒、葱、蒜

不推荐给狗狗喂辛辣食物。辛辣食物会对狗狗的肠胃产生强烈的刺激，如果过量食用，可能会导致狗狗的肠道发炎和黏膜损坏。并且有些辛辣食物中富含的二硫化物，会破坏狗狗的红细胞，从而导致贫血病。

● **咸味**　食物（食材）：盐、腌制食品

从口味上来说，狗狗偏爱咸味。但由于盐要通过肾脏进行分散代谢，狗狗食用过量的盐后，需要大量饮水，这会给肾脏带来较大的压力。并且，很多狗狗会因为食盐摄入过量而出现掉毛问题和皮肤不良状况。所以虽然狗狗喜欢，但出于对健康的考虑，还是要避免过量食用此类食品。

●"脂肪味"食物（食材）：肥油、鱼油

这里的"脂肪味"是指通过嗅觉或味觉辨别出的"肉"或者"油"的"味道"，这类"味道"只要不过分，对狗狗来说是很大的"诱惑"。所以我们会看到，狗狗喜欢带有肥油的肉类，喜欢加入鱼油的食物等。但是，食物的热量过高，会让狗狗有肥胖的风险。所以，我们在适当提高脂肪含量，让食物更具吸引力时，一定要注意对总体热量的把握，更不可长期摄入过高热量的食物。

●"鲜味"食物（食材）：鱼类、肉类

这里的"鲜味"是指鱼类、肉类等烹饪出来的味道。狗狗对于天然鲜味十分喜爱，而对人工合成的鸡精等鲜味并不会很感兴趣，所以大家在烹饪时只要选择天然食材即可，不需要其他添加剂。

★ 小俏爱的提示

★ 狗狗凭借嗅觉来判断食物的能力远远大于味觉的判断能力。所以，我们在为狗狗制作食物时，尽量满足它们的嗅觉喜好，就可以轻松地"讨好"它们了。美好的口味是锦上添花啊。

2.1.3 狗狗的吞咽方式

成年狗狗有 42 颗牙齿，其中有 2 颗非常锋利的犬齿和用来简单研磨食物的臼齿。狗狗作为杂食动物，它们口腔的下颚不能左右移动，即无法对食物进行全面研磨。另外，狗狗口腔中的唾液不含唾液淀粉酶，不能对食物中的淀粉进行分解，它们的唾液更多是起杀菌和润滑的作用。所以，狗狗只在口腔中对食物进行粗加工处理，之后会交给胃和肠道对食物进行消化和分解。我们常说的狼吞虎咽，其实非常形象地反映了狗狗的进食状态。

2.1.4 狗狗的肠道

大肠和小肠，分别负责食物的消化吸收、养分的发酵和粪便的制造。

狗狗们的肠道，要比人类和食草动物的肠道短很多。因为狗狗（或者说它们的祖先）经常食用含有大量细菌的生肉、腐肉，为了减少细菌对身体的伤害，它们要以很快的速度将食物中的养分吸收，然后将废物排出体外。

也正因为狗狗的肠道较短，所以对频繁更换食物的接受能力会比较弱——肠道中的菌群无法快速对不同食物进行分解。所以经常给狗狗变换食物很可能引发其消化不良和肠胃不适症状，比如呕吐，产生软便甚至腹泻等。

最后，大肠将水分与消化残渣混合并堆积成粪便直到顺利排出狗狗的身体，所以"健康"粪便应该是稍微湿润，条形的状态，而过干、过硬或过于湿软、不成形的粪便可能都不同程度地反映了狗狗肠道对食物的不良反应。

时间	更换原有食物百分比	时间	更换原有食物百分比
第一天	10%	第六天	60%
第二天	20%	第七天	70%
第三天	30%	第八天	80%
第四天	40%	第九天	90%
第五天	50%	第十天	100%

★ 小俏爱的提示

★ 给狗狗换食物需要注意的事项

向大家推荐 10 日逐步换食法，这样可以给狗狗的消化系统一个渐渐适应新食物的时间。

2.2 营养知识很重要

2.2.1 狗狗需要的营养元素

● 蛋白质

　　蛋白质存在于狗狗身体的各个部分——皮肤、毛发、脏器、血液等；同时对身体也有着无处不在的影响——身体的生长发育、消化系统的能力、造血能力、繁殖及遗传基因等。

　　蛋白质从来源上分为动物蛋白质和植物蛋白质。动物蛋白质主要来源于日常食用的肉类、蛋类和乳制品，而植物蛋白质主要来源于豆类和谷物，有些蔬菜中也含有少量蛋白质。

• 脂肪——最"浓缩"的能量来源和提供饱腹感的调味料

　　脂肪和蛋白质及碳水化合物一样，都可以为身体提供能量，但脂肪是最"浓缩"的能量来源，每克脂肪所产生的热量大约是蛋白质和碳水化合物的 2.4 倍。摄入过量的脂肪虽然会导致肥胖，但如果脂肪摄入量过少，也是非常不利的，可能会让狗狗身体消瘦、毛发暗淡无光、还会影响身体内的脂溶性维生素的代谢，有中毒风险。

　　狗狗饮食中的脂肪主要来源于动物脂肪和植物脂肪。动物脂肪中普遍含有较高比例的饱和脂肪酸，长期食用会导致肥胖、心脏病等问题，所以并不是理想的脂肪来源。植物脂肪中因富含不饱和脂肪酸而备受青睐，因其有抗炎、提高胆固醇代谢等诸多优点，成为健康的脂肪来源。一般来说，玉米油、菜籽油、葵花籽油、芥花油、亚麻籽油、小麦及玉米胚芽油等，都是适合狗狗食用的健康油脂。

• 碳水化合物

　　碳水化合物，是为狗狗提供能量的不可缺少的营养元素，一直也是备受争议的营养元素，主要由糖类和纤维素组成。糖类为机体提供能量，而纤维素是保证肠道健康的重要物质。我们日常的食物中，像大米、小麦、小米等谷物都属于高碳水化合物的食材，像绿叶蔬菜、根茎类蔬菜都是富含纤维素的食材。膳食纤维是不可被消化的，但能增强饱腹感，刺激肠道蠕动，改善排便情况，保证肠道的健康。但纤维素摄入不可过量，否则会影响食品的适口性，也会影响其他重要营养元素的吸收。

　　在宠物狗和猫是否需要碳水化合物这件事上，应该是争论最多的了，狗和猫利用蛋白质的能力要高于人类，猫可以依赖蛋白质完成身体所需能量的转换，而狗狗的能量构成中，碳水化合物还是占有一席之位的，糖类为宠物提供能量，纤维素为肠道的健康保驾护航。所以无论是猫还是狗，都应该合理摄入碳水化合物，只是摄入比例上应有所区别。

• 水

　　狗狗身体中的水含量约占身体的 60% ~ 70%，日常应该保证充足的饮水。我们把水分成饮用水、食用水和代谢水。有些狗狗不喜欢喝水，家长们就要想办法提高食物中的水分，让狗狗尽量多摄取水分。在高温季节、生病期间、运动后等场景中都要额外补充水分。当狗狗缺水 5% 时，就会出现脱水现象；当缺水超过 20% 时，可能造成死亡。

● 维生素

维生素是不提供能量的有机化合物，大多数的维生素在狗狗体内无法自动合成，必须要每天从食物中摄取。维生素分为两大类，分别是脂溶性维生素（维生素 A、D、E、K）和水溶性维生素（维生素 C 和维生素 B 族）。脂溶性维生素必须与脂肪一起，才能够被身体吸收，否则就会沉积在体内，有中毒风险。我们常说的胡萝卜要用油炒才能消化，就是这样的道理。而水溶性维生素则比较安全，主要有维生素 C 和维生素 B 族，即使是过量食用，也会随着尿液排出体外，不会对身体造成伤害，安全性较高。

● 矿物质

也称无机盐，在狗狗的体内，有一些含量超过体重 0.01% 的营养元素，被称为常量矿物质，包括钙、磷、钾、钠、氯、镁、硫。还有一些含量不超过体重的 0.01% 的营养元素，称为微量元素，约有 20 种。

2.2.2 如何计算狗狗所需要的热量

第一步	
需要先确认狗狗的基本能量需求（RER）	
体重未满 2kg 和超过 45kg 时：	RER（kcal/d）=70x 体重（kg）$^{0.75}$
体重在 2 ~ 45kg 时：	RER（kcal/d）=30x 体重（kg）+70
第二步	
根据狗狗的不同生长阶段来计算每日能量需求	
DER（每日需求量）= 生命阶段参数 xRER	
避孕、绝育后的狗狗= 1.6 x RER	
未避孕、未绝育的狗狗= 1.8 x RER	
活泼 / 疲劳狗狗=（3—8）x RER	
妊娠 21 日后的狗狗= 3 x RER	
哺乳期的狗狗=（4—8）x RER（因幼犬数量而异）	

2.3 为狗狗烹饪美食

2.3.1 需要用到的工具和使用场景

料理机：将食物打碎，尤其是淀粉和蔬菜类的食物，被料理机处理成碎块后，可以更好地被狗狗消化。

烘干机：80 摄氏度以下，用低温将食物中的水分焙干，从而提升食物的硬度，增加狗狗对食物的喜欢程度，也可以延长食物的保质期。

烤箱：通过高温烘焙，不仅可以把食物加工熟，更能减少水分，提升风味。

食品称量秤：食材的使用量需要准确，食品称量秤是一件必备的小工具。

擀面杖：用于将面饼擀薄，更加方便控制食物的厚度。

裱花袋：有一次性塑料和纯棉布及硅胶等不同材质，将食材灌装进裱花袋，有利于食物塑形。

土豆泥压器：将土豆、山药及红薯等食材煮熟后，用于将其碾压成泥。

硅胶刮刀：用于液体或面糊的刮取。

平底锅：用于煎炒烹饪，推荐使用带有不粘涂层的平底锅。

蒸锅：隔水蒸食材时的器具，常见的是不锈钢蒸锅。

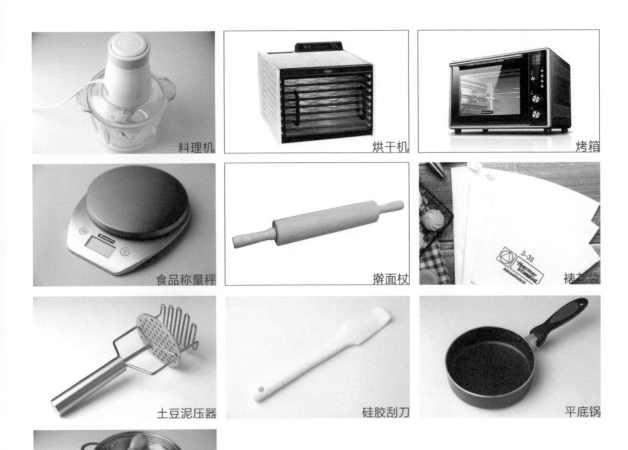

料理机

烘干机

烤箱

食品称量秤

擀面杖

裱花袋

土豆泥压器

硅胶刮刀

平底锅

蒸锅

2.3.2 一份理想的狗狗营养餐应遵守的原则

- 以优质的易消化的动物蛋白质为主

新鲜的肉类、鸡蛋和乳制品是理想的提供蛋白质的食材。对于肉类，可以选择脂肪含量较低的给狗狗食用，如鸡胸肉、鸡腿肉。避免给狗狗食用过多肥肉，比如五花肉，因为很可能会引发腹泻。

- 食材要丰富且多样

不同肉类的必需氨基酸含量不同，当我们将多种肉类一起给狗狗食用时，可以有助于丰富和平衡氨基酸。植物性食材也是这样的道理，谷物往往缺少赖氨酸，而燕麦和豆类中的赖氨酸含量较高，所以"五谷杂粮"的营养价值要远高于单一谷物的营养价值。

- 狗狗一定需要"脂肪"。换句话说，狗狗一定要吃"油"

脂肪可以增加饱腹感，狗狗食用后会得到很大的满足。很多家长都知道狗狗要低脂饮食，因此不敢提供有脂肪的食材或者在食物中放油，这是不可取的。从营养角度来说，饭食含有适量的脂肪是必须的，脂肪能为狗狗提供热量以及身体必需的脂肪酸，更可以增强身体内脂溶性维生素的代谢。如果饭食中长期"无油"或者"少油"，会产生一系列负面作用，如体重减轻，因脂肪摄入不足而导致的脂溶性维生素中毒、毛发暗淡等。

● 油脂的种类丰富多样，如何选择适合食用的油脂非常重要

我们日常食用的玉米油、橄榄油、菜籽油或者深海鱼油，富含不饱和脂肪酸，非常有益于狗狗的毛发生长和肠道健康，还有助于心肌和骨关节的健康，是非常理想的脂肪来源。而像猪油、羊油和牛油等，因其饱和脂肪酸含量较高，不利于体内代谢，不推荐给狗狗食用。

可以在鲜食表面淋少许植物油，少量的油脂在食物的表面，会让狗狗们更加喜爱。但注意不可过量，油腻感强的食物，狗狗食用后可能会呕吐。

● 饮食中适量的碳水化合物是必需的

虽然狗狗对碳水化合物的利用能力不如人类，但碳水化合物作为主要的能量来源，对于狗狗来说也是必不可少的。

● 适量的膳食纤维是狗狗肠道健康的"保护神"。

我们要了解，膳食纤维属于大分子多糖，并不能够产生能量，粗纤维更不能被消化掉。但是它们对于狗狗健康有重要意义：纤维素的高吸水性可以提高饱腹感，利于减肥；纤维素可以促进肠道活动，促进排便，避免便秘。

● 必须添加狗狗日常所需的维生素和矿物质

这些营养元素经常被很多家长所忽略，比如钙、磷、铁、维生素 B 族、维生素 A 及微量元素等。吃自制饭食的狗狗之所以会容易出现缺少微量元素或者缺钙问题，是因为家长们并不了解六大营养元素对于狗狗的重要意义，可能更多的注意力都在"以肉为主"这句话上了。在每餐鲜食中，都要添加足量的维生素和矿物质给狗狗，只有满足了狗狗对于所有营养元素的基本需求，才能称之为健康的、科学的自制鲜食。

● 饭食必须低盐

盐的过量摄入，会加重肾脏器官的代谢负担，导致与肾脏相关的疾病。

2.3.3 让食物更加有吸引力的方法

● 自制调味小料

可以制作一些小鱼烘干后磨成的小鱼粉，或者肉粉作为食物的提鲜剂，撒在狗狗餐食的表面，增强它们的食欲。这类的小调料，制作简单，易于保存，还可以为狗狗增加许多矿物质和微量元素。

● 百试不爽的"风味"食材

在食物中增加酵母类食品、乳酪、南瓜、番薯和适当的脂肪及鲜肉类食材等，可以大大地提升食物的风味。这些淡淡的酸味、甜味、脂肪味和鲜味，恰恰满足了狗狗对于食物的口味偏好，也可以让它们爱上你亲手制作的食物。

● 常见食材的保存方法

　　肉类：新鲜的肉类，如果暂时吃不完，最好冷冻保存，使用前化冻至常温并切块或打碎即可。为了方便平时取食，我们也会提前加工出一些肉泥，可将肉泥装入保鲜袋或用保鲜膜包裹后放于冰箱冷冻保存，每次使用时取出一小份即可。

　　蔬菜类：冷藏保鲜。一般绿叶蔬菜采用冷藏保鲜的方式保存；而对于部分绿叶蔬菜，也可以低温烘干后常温保存，尤其是对于一直纯肉食喂养的狗狗，可以适当地给它喂食一些富含膳食纤维的蔬菜，有益于狗狗的肠道健康，以防便秘。

　　豆类：冷藏或冷冻。新鲜的豌豆可以冷藏保存，或者直接冷冻，使用前化冻至常温再进行烹饪即可。狗狗对整颗的豆子的消化率并不是很高，如果经常食用，最好将豆子研磨成粉，进行加工后再给狗狗食用。

　　汤汁类：冰格冷冻或分装。可采用冰格冷冻的方式，将带有汤汁的食物进行分装，每次取出一小份化冻加热与其他食物混合食用。这个方法非常方便，也使得汤汁中的营养可以完好地保存下来。

● 蔬菜在烹饪加工时需要注意的问题

　　首先，切记在烹饪加工前对食物进行清洗，否则过多的细菌和残留的农药，可能会导致狗狗腹泻或引发肠道疾病。

　　蔬菜中多含有不稳定的维生素，过早加工，会让营养元素流失，所以最好的办法是在烹饪前再进行加工，不要过早切菜，以免维生素流失；并且，在烹饪过程中，蔬菜尽量选择在出锅前放入，减少高温烹饪的时间，也是最大限度地保留营养元素的方法之一。

2.3.4 宠物不可以吃的食物种类

在我们日常生活中，有很多食物对宠物来说是不可以食用的，也有一些是可以适当食用的，我们把宠物对食物的不适用性分为几个等级：毒性、感染、物理损伤、抗营养素、过敏及不耐受，下面分别进行说明。

● 毒性食物

巧克力、咖啡、浓茶和可乐（包括无糖可乐）：它们普遍含有咖啡因、茶碱，及一种叫可可碱的成分，会对狗狗的心脏及中枢神经系统造成很大伤害，比如兴奋、抽搐、呕吐，过量会引起中毒甚至死亡。

木糖醇：导致低血糖症和肝功能衰竭。

葱属植物，如洋葱、大蒜和大葱：洋葱对狗狗来说有强烈的毒性。洋葱中含有一种名为正丙基二硫化物的有毒成分，会破坏体内的维生素 K，引起急性溶血性贫血，并损害骨髓。一般体重 15～25 千克的狗狗吃了 1 个中等大小的洋葱后（生或熟），1～2 天内会排出红色或暗红色尿，同时出现呕吐、腹泻、精神沉郁等症状并可能有生命危险。

葡萄和葡萄干：狗狗大量食用葡萄或葡萄干，会出现肾衰竭。

夏威夷果及其他整颗坚果：夏威夷果的毒素未知，狗狗食用后会出现虚弱、呕吐、后肢麻痹和关节肌肉疼痛或肿胀症状。其他普通的坚果类食物，如果整颗食用，会有导致宠物肠道梗阻的风险，尤其是小型犬。

果核：造成中毒。苹果、鳄梨、樱桃的种子，核和茎含有氰化物，这是有毒的。

动物肝脏：吃少了补，吃多了中毒。动物肝脏中含有丰富的维生素 A，对宠物的皮肤和毛发及眼睛都有非常大的益处，但是过量食用，同样会导致维生素 A 中毒、缺钙症及损伤肝脏等严重后果。

• 易感染风险的食物

生肉：主要会受到寄生虫和沙门氏菌等致病细菌的威胁。

变质的食物：变质及腐烂的食物可能导致食物中毒，不建议喂狗狗。

● 易造成损伤的食物

　　禽类的骨头或熟骨头：鸡鸭的骨头细小锋利，容易爆裂成尖刺状，刺伤狗狗的口腔及肠管；猪、牛、羊等家畜的骨头在煮熟后会变得十分坚硬，狗狗啃食后还可能会出现严重便秘的现象。

　　所有带核或颗粒状籽的水果，如桃子、李子等：不适合喂食宠物，容易造成肠梗阻。

● 影响其他营养元素吸收的食物

　生鱼肉：生鱼及很多贝类中，含有硫胺素酶，长期食用会造成硫胺素（也就是维生素 B₁）的缺乏，宠物缺少维生素 B1 会导致神经炎。硫胺素酶在加热过程中会失去活性，所以建议给宠物喂食熟的鱼及贝类的肉。

　　生鸡蛋：生鸡蛋中含有卵白素，会分解维生素 H（生物素），导致严重呕吐、腿病、脱毛、体重减轻等问题。卵白素在加热后失去活性，所以煮熟的鸡蛋，无论蛋黄还是蛋白都是可以给狗狗食用。（除非它们对某种蛋类中的蛋白质过敏）。

● 易过敏或狗狗不耐受的食物

　　甜食：甜味食品容易让狗狗患上糖尿病及变得肥胖；狗狗的消化系统不能分解双糖，如蔗糖等，这会导致腹泻。

　　牛奶：腹泻。狗与人一样，随着年龄的增长，肠道中的乳糖消化酶会减少，这时候就不能够消化掉过多的含有乳糖的食品，羊奶和牛奶中的乳糖含量较狗狗乳汁的乳糖含量高，所以很多狗狗喝牛奶后腹泻，这是乳糖不耐受的表现。但这不是绝对的，有些狗狗喝牛奶不腹泻，也就是它体内拥有足够多的乳糖消化酶，这样的情况，就可以给狗狗饮用牛奶。但也要注意饮用量，过量饮用牛奶也有可能出现不耐受现象而导致腹泻。有些狗狗喝了乳糖含量较低的羊奶也会腹泻，那么就要选择乳糖含量更低的酸奶来食用。酸奶的乳糖含量是牛奶的十几分之一，所以会更加容易被狗狗的肠道所接受。但也有过狗狗喝酸奶也腹泻的现象，这时候很可能是这只狗狗对乳糖完全不耐受，那么就需要食用特制的零乳糖乳制品了。

第 **3** 章

花样肉干零食

——烘干类零食

很多家长希望能够在家里亲手为"毛小孩们"制作营养又健康的小零食，但由于日常工作，空闲时间有限；再者自制的很多零食，不晓得如何保存，很快就变质，这既浪费了食材，又消耗了大量的时间。

现在，我们来分享几款营养健康、易操作的烘干类零食给大家，希望能够指导更多的家长亲手为"毛小孩们"制作爱心美味。

为什么选择做烘干类零食呢？

烘干类的零食经过食品烘干机长达 4 小时以上的加工后，食物中的水分含量已经很低了，可以大大延长零食成品的保质期。但由于南北方气温和湿度的差异较大，所以建议大家在制作完成后，采用密封保存的方式，避免让食物吸收了空气中的水分，加快变质的速度。

做烘干类零食的小建议。

• 做烘干类的小零食时，尽量选择新鲜的肉类为主要的原材料，且要选择脂肪含量较低的瘦肉为好，可以搭配新鲜的蔬菜、水果或者脆骨类的食材。

• 建议大家不要一次性制作过多，一般我们的制作量是狗狗一周左右的食用量，家长们可以根据自家狗狗的情况酌情增减。

• 烘干类的零食普遍硬度较高，所以并不适合一些体型较小、牙齿咬合力不足的狗狗食用，家长们在喂食过程中也要注意不要喂其尖而硬的部分，避免划伤狗狗的肠胃。

3.1 牛里脊缠鸡脆骨

材料

食材：鸡脆骨 300 克
　　　牛里脊 350 克

做法

1. 鸡脆骨洗净，煮 5 分钟。
2. 将牛里脊洗净，于冰箱冷冻 1 小时，再切成约 0.3 厘米的薄片（也可以使用切片机）。
3. 取 1～2 片牛里脊缠绕于鸡脆骨上。
4. 将缠绕好的鸡脆骨牛肉卷放入烘干箱中，用 70 摄氏度烘干 5 小时，完全干燥即可。

★ 小俏爱的提示

★ 鸡脆骨中含丰富的钙及动物胶原蛋白质，经过烘干脱水后变硬，适合狗狗日常啃咬。但需要注意进食安全，避免误吞，划伤肠胃。

★ 牛里脊是牛肉中蛋白质含量较高的部位，营养价值非常高，烘干脱水后可以延长保存时间。

3.2 高纤维时蔬鸡肉松

材料

食材：鸡胸肉 700 克
　　　胡萝卜 220 克
　　　圆白菜 180 克

做法

1. 将鸡胸肉洗净，切成大块煮熟，控干水分。
2. 用料理机将熟鸡胸肉块打碎成黄豆大小的颗粒。
3. 将胡萝卜和圆白菜切成小丁。
4. 将鸡胸肉与蔬菜同时放入烘干箱内，70摄氏度烘干 6 小时至完全干透。
5. 将干燥后的蔬菜和鸡胸肉一起放入料理机打碎。
6. 最后将鸡胸肉与蔬菜混合搅拌均匀即可。

★ 注：制作时，发现厨房中还有一些冻干的紫薯粒，顺手加了一些，让颜色更加丰富，营养也更加全面。

★ 小俏爱的提示

★ 鸡胸肉有高蛋白质，低脂肪，易消化的优点，是一款理想的优质食材，非常适合用来为狗狗制作日常小零食。

★ 肉中缺少的纤维素可以通过增加一些烘干的蔬菜来补充，保障宠物肠道健康。

★ 如果家里有面包机，可以将煮熟的鸡胸肉打碎后放于面包机中，面包机用果酱或者肉松模式即可，大约 2.5 小时就可以做成一锅金黄香浓的"肉松"了。

3.3 番茄牛肝营养粉

材料

食材：小番茄 250 克
　　　新鲜牛肝 300 克
　　　亚麻籽 30 克

做法

1. 将牛肝切成小块煮熟，倒去血水。

2. 将熟牛肝放入料理机中打碎。

3. 将小番茄去除蒂，切块。

4. 将切好的番茄片与牛肝一同放入烘干箱，70 摄氏度烘干 6 小时，取出牛肝；约 8 小时后取出完全干燥的小番茄。

5. 将烘干好的小番茄干放入料理机略微打碎，再与牛肝混合即可。

 ★ 小俏爱的提示

★ 牛肝中富含维生素 A 和维生素 B 族，维生素 A 对狗狗的上皮组织细胞非常重要，尤其是对眼视觉神经和皮肤健康有益。但牛肝中的维生素 A 含量比常见的鸡肝和鸭肝要高很多，所以要注意食用量，不可一次食用过多。

★ 小番茄富含胡萝卜素和番茄红素，有非常棒的抗氧化功能，有益于心脏健康和提高免疫能力。

★ 做好的番茄牛肝营养粉，可以作为狗狗日常的辅食来食用，每天一小勺，拌于狗粮中，可以很好地提升狗狗的食欲，且营养丰富。

3.4 鸡肉蔓越莓薯片

材料

食材：鸡胸肉 250 克

土豆 1 个约 250 克

蔓越莓干 10 克

做法

1. 将鸡胸肉切块煮熟，然后用料理机搅成碎肉。
2. 将土豆切片，煮熟后压成泥。
3. 将蔓越莓干切碎。
4. 将所有处理过的食材混合。
5. 将混合后的食材用手捏成手掌心大小，厚约 0.5 厘米的薄片，摆放于烘干网盘中。
6. 烘干机 70 摄氏度烘干 6 小时至完全干燥后取出。

★ 小俏爱的提示

★ 松脆的口感适合不同的狗狗食用，不会因为咬合力不足而进食困难。

★ 蔓越莓类的小浆果，含有非常丰富的抗氧化作用的花青素，但因含糖较多，所以不适合狗狗大量食用。通常用于风味添加性食材，少量使用即可。浆果类的食品含钾较高，有肾脏问题的狗狗要减少食用。

3.5 奶酪芒果鸡肉干

材料

食材：鸡胸肉 300 克
　　　奶酪碎 7 克
　　　青海苔碎 1 克

做法

1. 将整片鸡胸肉横切成 2 片。

2. 分别在每片鸡肉上划井字，深度以不切透鸡胸肉片为准。

3. 在井字刀切口中撒入适量奶酪碎和海苔碎。

4. 将做好的鸡胸肉片摆放在烘干机网架上，放入烘干机 70 摄氏度烘干 15 小时左右至完全干透。

 ★ 小俏爱的提示

★ 将鸡胸肉横切为 2 片，可以更好地完成烘干工作，并且厚度适宜，适合大多数狗狗啃咬。

★ 奶酪用量不可过多，烘干过程中奶酪会融化，以刚好填满切口部分为宜。

★ 因为外形酷似切好的芒果，所以我们给它起了个非常好听的名字，叫奶酪芒果鸡肉干，其实并没有芒果哦～

3.6 奶酪鸭肉脆片

材料

食材：奶酪块 20 克
　　　鸭胸肉 300 克
　　　海苔片 2 片

做法

1. 将海苔片剪成小长条备用。
2. 将奶酪块切成约 3 毫米厚，6～8 厘米长的长条形状。
3. 将鸭胸肉去皮，切成厚度 5～8 毫米的片。
4. 将鸭胸肉片摆放在烘干机网格上，铺上一层切好的海苔条，最上面放奶酪片，放入烘干机 70 摄氏度烘 8 小时即可。

 ★ 小俏爱的提示

★ 鸭肉最好选择鸭胸肉，除了比较厚的鸭皮需要去除，不需要额外去除骨头和筋膜，处理起来非常方便。鸭肉是非常容易消化的肉类，且富含烟酸和维生素 E，对心脏健康非常有益。鸭肉中的维生素 B 族也很丰富，对狗狗的皮肤健康很有好处。

★ 奶酪的选择很重要，一般的奶酪容易受热融化，所以要选择一些高品质的奶酪。

第 **4** 章

狗狗的营养饼干

造型多样，营养丰富的宠物饼干一直特别受大家的喜爱，饼干因含水量较低，硬度较高，便于保存，制作也比较简单，所以很受狗狗家长们的欢迎。给狗狗制作饼干类的零食可以使用的食材种类非常丰富，如新鲜的肉类、动物肝脏、奶制品、谷物或水果和蔬菜等，可以满足不同的狗狗的口味偏好。

一般来说，我们为狗狗制作的饼干多为松脆偏硬的口感，而油脂含量较高的酥饼类并不多见。因为酥饼类的饼干一般油脂含量比较高，热量也较高，并不适合长期作为零食，狗狗食用后会有发胖的风险。

常见的制作饼干的食材。

• 谷物

小麦面粉：我们按蛋白质含量不同，将小麦面粉分成低筋面粉、中筋面粉和高筋面粉，分别适合制作饼干和蛋糕类、中式甜点、面包类食品。一般制作饼干不宜使用高筋面粉，会影响饼干的平整度。建议使用低筋面粉来制作饼干和蛋糕类食品。

玉米粉：也就是玉米颗粒磨成的粉末，超市中常见的玉米粉会分成几种不同粗细的粉末，建议大家采购最细的玉米粉，这样的细粉末更易于加工成熟，也更利于狗狗消化。玉米粉有增加饼干香味、提升松脆程度的作用。

燕麦（片）：燕麦是一种低敏谷物，富含膳食纤维，有助于肠道的蠕动，有促进排便和防止便秘的作用。

• 肉类

制作饼干时，由于肉类中含有大量的水分，会影响面团成形，因此用量应受到限制。但我们可以通过将肉制作成肉松或者肉粉的方式，增加其使用量。

选择肉类时候，应尽量选择瘦肉，如鸡胸肉、去皮鸭胸肉、兔肉、牛里脊等，过量的动物脂肪在高温烘烤过程中容易融化，影响饼干的平整度、增加饼干表面的油脂量，不易于保存。

• 蔬菜和水果

蔬菜和水果中的维生素和膳食纤维非常丰富，但因维生素在高温下损失严重，且拥有较高的水分，所以较少在饼干类零食中添加，但可以选择果干类添加。添加蔬菜时，一般我们也会选择水分较少的胡萝卜、紫薯、红薯等，或者直接使用蔬菜粉来提供营养。

• 奶制品

奶制品不仅拥有较高的营养价值，更是宠物偏爱的食物种类，在水分受限的饼干类零食中，对于鲜奶、酸奶、奶酪和奶粉这 4 类常见的乳制品，往往我们更偏爱选择后 2 种。干燥的乳制品对于食品中营养密度的提高有着不可替代的优势，少量地添加即可为宠物提供丰富的营养元素且不会影响饼干面团的质地。

制作饼干需要的工具一般有：

擀面杖、硅胶面垫、面粉筛，硅胶刮刀，量勺，饼干模具（手指饼干模具、金属饼干模具、塑料饼干模具等）。

制作饼干时要注意的事项。

饼干中的脂肪：在家长们的印象中，我们吃过的饼干都是拥有较高热量的小零食，但给宠物制作饼干的时候，一定要注意脂肪含量，这对于小宠物来说是非常重要的。长期、过量地摄入脂肪，会增加宠物患肥胖病的风险，而肥胖是导致很多疾病的根源，如关节性疾病、心脏病、胰腺炎、脂肪肝等。为了增加香味，我们可以使用乳脂制成的动物无盐黄油，或者液态的植物油。

饼干一般在彻底干燥后可以密封保存 60 天。如果拆包，建议大家尽快给家里的狗狗食用，过久地与氧气接触，会加速饼干变质。

使用烤箱时要注意的事项。

不同于其他的烹饪工艺的是，烘焙食品需要在恒温条件下加工，所以在我们将食物放入烤箱时，烤箱内部的温度要达到食物烘烤所需的温度，那么在烘烤前，就需要将烤箱提前打开预热。一般来说，预热的温度偏高于我们所需要的温度，而预热的时间一般在 10 ~ 15 分钟即可。有的烤箱会带有预热完成的提示音，这样会更加方便。

饼干类食物刚烘烤出炉时还是软软的，这是正常现象，千万要记得将刚出炉的饼干放于晾晒网上，这样可以加速饼干冷却并使其变得更加松脆。

4.1 黑芝麻鸡肉香脆饼干

材料

食材：黑芝麻 6 克   酵母 1.5 克
   鸡胸肉 130 克 玉米油 10 克
   小麦面粉 70 克 温水 15 克
   羊奶粉 15 克

做法

1. 将面粉过筛入盆。

2. 将黑芝麻提前放入料理机中打碎，放入过筛好的面粉中。

3. 将鸡胸肉提前煮熟、打碎，放入面粉中。

4. 倒入 10 克玉米油。

5. 将酵母放入温水中，缓慢倒入面粉中，和成柔软的面团。

6. 放于发酵箱 30 摄氏度发酵约 40 分钟即可。

7. 取出面团揉至光滑状态，用擀面杖擀成约 4 毫米的面片。

8. 用模具压出形状。（图中展示了两种模具，大家可以根据自己喜爱选购其他样式。）

9. 将刻好的饼干摆放于盘中，注意饼干间要留一些间距。

10. 烤箱提前预热 160 摄氏度 10 分钟，放入刻好的饼干，用 150 摄氏度烤 20 分钟即可。

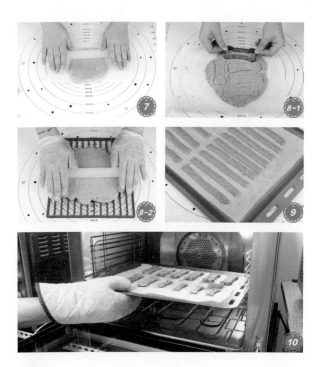

★ 小俏爱的提示

★ 为了节省时间，可以选择整板的饼干模具，将擀好的面饼铺于模具上，擦下边缘即可，省去了一块块刻模的时间。

★ 含有活性酵母成分的饼干，除了有浓浓的香味，还有狗狗喜爱的淡淡的酸味，并且可以提升饼干的松脆口感，让更多的狗狗喜欢吃。

★ 在使用芝麻类的食材时，尽量进行研磨粉碎处理，这样可以让"毛小孩们"更好地吸取食物中的营养。

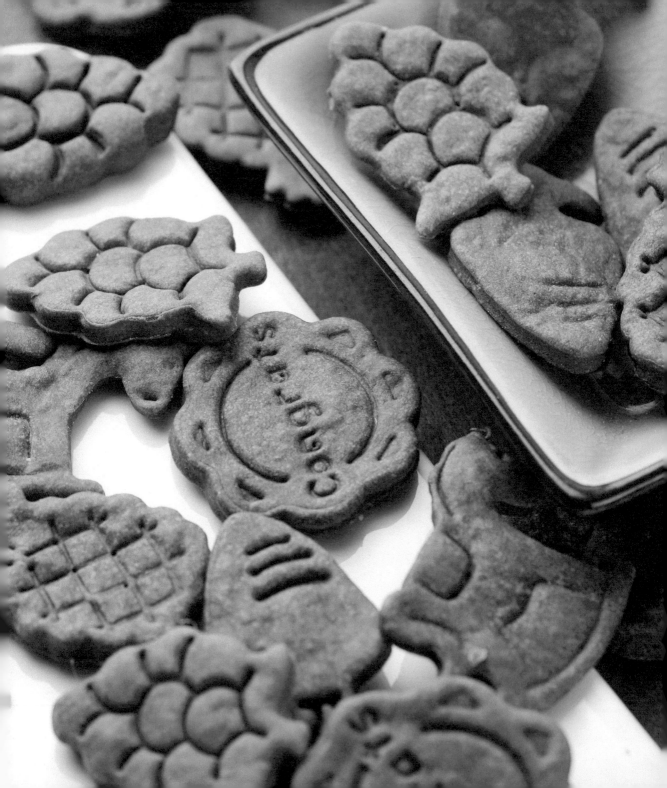

4.2 狗狗专属"巧克力"卡通饼干

材料

食材：燕麦粉 50 克　　奶酪 30 克
　　　鸡蛋黄 1 个　　水 10 克
　　　角豆粉 4 克

做法

1. 将所有食材过筛并揉成柔软的面团。
2. 将面团放入冰箱冷藏 30 分钟后取出，擀成厚约 4 毫米的饼，用模具刻出喜欢的卡通形状。
3. 摆放饼干胚，入炉 160 摄氏度烘烤 18 分钟。

★ 小俏爱的提示

★ 狗狗是不可以食用含有可可碱类成分的巧克力的，如果食用会危及生命。

★ 大家使用不含有可可碱成分的角豆粉作为食材，这是一种健康的富含植物蛋白质的食材，颜色和气味都与可可非常相似，是非常理想的代替可可的食材，可以放心给"毛小孩们"食用。

4.3 蔓越莓鸡肉燕麦饼干

材料

食材：鸡胸肉 80 克　　胡萝卜 50 克
　　　燕麦片 50 克　　鸡肝 50 克
　　　蔓越莓干 10 克　黄油 10 克
　　　小麦面粉 40 克　水 15 克

做法

1. 将胡萝卜擦成细丝备用。

2. 将鸡胸肉和鸡肝提前煮熟，沥干水分后放入料理机打碎。

3. 将蔓越莓干切碎。

4. 将所有处理过的食材混合，揉成面团，将面团放于冰箱冷藏 30 分钟。

5. 将面团擀成厚约 0.5 厘米的面饼。

6. 用不锈钢饼干模具刻出心形形状，将烤箱用 160 摄氏度提前预热 10 分钟，将刻好的饼干放入烤箱，150 摄氏度烘烤 25 分钟即可。

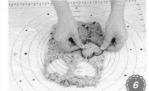

★ 小俏爱的提示

★ 将肉类煮熟可以降低肉中的水分，使饼干的营养密度提高。

★ 蔓越莓干的颗粒比较大，建议切碎后使用，避免过酸的味道影响狗狗对它的喜爱程度。

4.4 南瓜酱鸭肉饼干

材料

食材：带皮南瓜 20 克
    黄油 10 克
    去皮鸭胸肉 90 克（熟 63 克）
    羊奶粉 15 克
    小麦面粉 50 克
    蛋黄 10 克

做法

1. 将去皮鸭胸肉和南瓜分别切块，盖上保鲜膜放入微波炉蒸 3 分钟。
2. 将蒸熟的鸭胸肉丁放入料理机中打碎。
3. 将蒸熟的南瓜块与黄油混合，均匀搅拌成南瓜酱。
4. 南瓜酱中筛入面粉后，与鸭胸肉碎混合。
5. 将面团揉均匀并静置 15 分钟。
6. 将面团擀成厚约 0.5 厘米的面饼。
7. 用面刀将擀好的面饼切成长条形状。
8. 取一条对折后两端扭 2 圈。
9. 将条形两端按图片固定牢固。
10. 将塑型好的饼干均匀摆放于烤盘中，在表面刷蛋黄液。
11. 烤箱提前预热 10 分钟，150 摄氏度，烘烤 20 分钟即可。

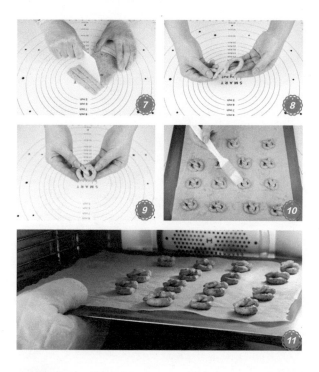

★ 小俏爱的提示

★ 使用去皮鸭胸肉，可以很好地控制此款饼干中的脂肪含量，让饼干香酥而不油腻；我们一般采用水煮或者蒸的方式来减少新鲜肉类中的水分，这样可以使肉类的使用量在饼干中略多一些。

★ 南瓜最好保留皮的部分，可以让南瓜中的 β 胡萝卜素得到更多的保留，并且南瓜皮的膳食纤维含量比较丰富，对狗狗的肠道健康非常有益。

4.5 红米鸡肉三文鱼饼干

食材

材料

食材：燕麦粉 50 克　　　羊奶粉 15 克
　　　三文鱼肉 60 克　　海苔粉 1 克
　　　红曲米粉 2 克　　　水 10 克

做法

1. 将三文鱼蒸熟，汤汁留用。
2. 将燕麦粉、红曲米粉和羊奶粉混合均匀。
3. 加入适量汤汁和成面团。
4. 将面团擀成厚约 4 毫米的面饼。
5. 刻模具，摆放在烤盘中。
6. 烤箱提前用 160 摄氏度预热 10 分钟，再将面饼放入烤箱 150 摄氏度烘烤 20 分钟。

★ 小俏爱的提示

★ 三文鱼含有丰富的不饱和脂肪酸，不仅有助于狗狗的毛发生长，还具有不错的消炎功效，保障肠道健康；但由于其热量较高，不建议长期大量食用，患有胰腺炎的狗狗，也要避免食用高脂肪的肉类。

★ 红曲米是纯天然的食用色素，来自发酵的大米，红曲米有助于提高狗狗的消化能力，有益于狗狗的肠道健康。

第 **5** 章

狗狗的美味甜品

近些年各城市都出现了可以带狗狗进入的餐厅或者咖啡厅，不得不说，这讨得了很多狗狗主人的欢心。但是尴尬的是，当我们享用美味大餐的时候，狗狗却一直守望着我们，非常想共享美味而不能。也有一些餐厅会提供狗狗专用的食物和菜品，但更多的场所却因不懂得狗狗的食物的特点和宠物对营养的需求而不能提供狗狗专用餐食，这也是小小的遗憾。还有很多主人会选择为"毛小孩们"举办生日派对，希望狗狗能和人一样，拥有自己的朋友圈，在生日这个特别的日子里可以宴请"小伙伴们"一起来玩耍，享用美食。但我们知道，狗狗并不需要食用甜品，大量的蔗糖会让它们容易产生肥胖、血糖指数升高、糖尿病等问题，所以，尽量不要喂食狗狗含糖的食物。

为了让狗狗可以与人类共享美味，我们为"毛小孩们"特别设计了种类丰富、营养美味的"甜品"。这些"甜品"其实并不含任何糖分，不会给"毛小孩们"的健康带来影响，并且，这些"甜品"都是人与狗狗可以共享的美味。

5.1 蛋奶鱼肉茸布丁

材料

食材：鸡蛋 2 个　　　　羊奶粉 10 克
　　　鳕鱼肉 100 克　　水 150 克

做法

1. 将鳕鱼肉去刺后蒸熟并打碎，平铺于布丁碗内。

2. 在料理盆中放入 2 个鸡蛋并打散。

3. 加入羊奶粉搅拌均匀。

4. 加入 150 克水，搅拌均匀。

5. 将调好的蛋奶液过一次筛。

6. 将过筛好的蛋奶液倒入布丁杯中至 8 分满。

7. 在布丁杯表面盖上保鲜膜，扎若干个洞用于透气。

8. 蒸锅水开后放入烤碗，蒸 8 分钟，再焖 3 分钟出锅，出锅后可在表面撒些草莓碎装饰，放凉后给狗狗食用。

★ **小俏爱的提示**

★ 为了让布丁的口感更加细腻丝滑，建议将鸡蛋液过筛，这样可以很好地过滤鸡蛋液中的大气泡和凝结的蛋白。

★ 蒸的时间不建议过久，一般家用蒸锅蒸 8~10 分钟即可，也可以使用微波炉，蒸约 2 分钟。

★ 家长们如果也想品尝这道美味，可以调制油醋汁或海鲜汁，淋在布丁表面即可。鳕鱼肉质鲜美，富含优质的蛋白质，且脂肪含量非常低，不用担心因多吃会摄入过高热量。如果一些家长需要甜味，也可以淋一些桂花蜂蜜调味。

5.2 五彩推推乐

材料

食材：紫薯 1 个　　　南瓜一小块
　　　土豆 1 个　　　酸奶 少量
　　　鸡胸肉一大块

做法

1. 将紫薯、土豆、南瓜、鸡胸肉分别蒸熟。再分别压成泥或使用料理机打成泥状。

2. 在紫薯、南瓜和土豆泥中分别加入少量酸奶调均匀，分装在裱花袋中。

3. 将不同颜色的蔬菜泥与鸡胸肉泥间隔着挤到推推乐模具中，使其呈现出不同颜色的分层样式。

4. 继续一层层添加食材，就完成了。

★ 小俏爱的提示

★ 根茎类的食材中含有丰富的膳食纤维，可以帮助肠道蠕动性较差的狗狗排便，非常适合有便秘的狗狗食用。

★ 紫薯的水分含量比较少，所以在打成泥时成品较干，对此可以放入适量的酸奶调节湿度，方便打成泥状。

★ 薯类因含有糖分，所以不建议大量食用，否则容易产生胀气和肠鸣。

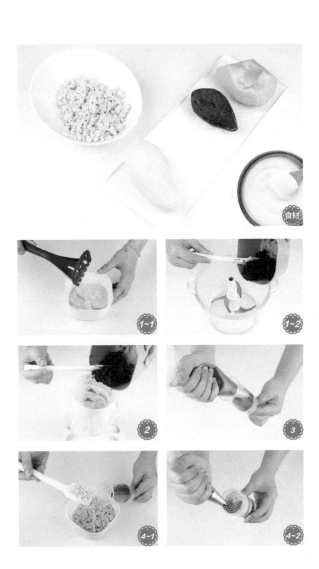

5.3 迷你小骨头蛋糕

材料

食材：鸡蛋 2 个　　　水 90 克
　　　面粉 50 克　　　羊奶粉 15 克
　　　玉米粉 50 克　　牛肉肉碎 100 克
　　　玉米油 20 克　　南瓜粉 10 克

做法

1. 将面粉筛入盆中。

2. 加入南瓜粉。

3. 加入玉米油和水并搅拌均匀。

4. 将牛肉泥加入并搅拌均匀。

5. 将 2 个鸡蛋打入盆中。

6. 用电动打蛋器将鸡蛋打发至明显纹理出现。

7. 将搅拌好的面糊和鸡蛋液混合并搅拌。

8. 将搅拌好的面糊装入裱花袋中。

9. 准备好小骨头形状的硅胶模具，并提前刷玉米油。

10. 用裱花袋将面糊挤入模具中，烤箱提前用180 摄氏度预热 10 分钟。用 170 摄氏度烘烤面糊 20 分钟即可。

★ 小俏爱的提示

★ 这是一款用全蛋法制作的狗狗小蛋糕，出炉后香味浓郁，加入了足量的牛肉，是狗狗非常喜爱的一款小零食。为了避免狗狗食用过量，我们特别设计了迷你的小骨头造型，每次给狗狗1块即可，这样比较容易控制喂食量。

★ 如果一次吃不完这么多，可以把这款小蛋糕用食物烘干机烘掉水分，放入密封罐中保存。

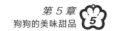
 5.4 甜甜圈"蒸"美味

材料

食材：南瓜泥 200 克　鸡蛋 3 个
　　　玉米粉 400 克　胡萝卜碎约 150 克
　　　羊奶粉 50 克　　紫薯碎、奶酪碎及
　　　牛肉泥 250 克　蔓越莓适量

做法

1. 将南瓜提前蒸熟搅成泥，与鸡蛋、羊奶粉、胡萝卜碎和玉米粉均匀混合成面团。

2. 取适量面团揉圆并做成圆环状南瓜圈。

3. 将做好的南瓜圈摆在蒸屉上，放入锅中用大火转中火蒸 20 分钟。

4. 蒸好后取出，在南瓜圈表面撒一圈奶酪碎，在最顶层撒少许紫薯碎点缀，放入烤箱以 180 摄氏度烘烤 15 分钟，出炉后表面用蔓越莓点缀即可。

 ★ 小俏爱的提示

★ 这种甜甜圈含有丰富的蛋白质、18 种易被消化和吸收的氨基酸，以及维生素 A、B、C 等 8 种维生素和磷、铁等 10 多种天然矿物质元素。紫薯富含纤维素，可增加狗狗的粪便量，促进肠胃蠕动，清理肠腔内滞留的黏液、积气和腐败物，排出粪便中的有毒物质和致癌物质，保持大便通畅，改善消化道环境，防止胃肠道疾病的发生。

★ 这款食物的灵感来自蛋糕店里的甜甜圈，其可爱的外观着实吸引了我。如果狗狗也可以享用，将是多么美妙的事。但蛋糕店里的甜甜圈不可以给狗狗吃。既然不适合它们，那么不如来点创新。南瓜是很好的食材，不仅易于消化，更对狗狗的肠胃起到保护作用。表面的奶酪和紫薯的绝美搭配，令此款"甜品"在美味之余，更给狗狗的饮食带来一丝精致的气息。

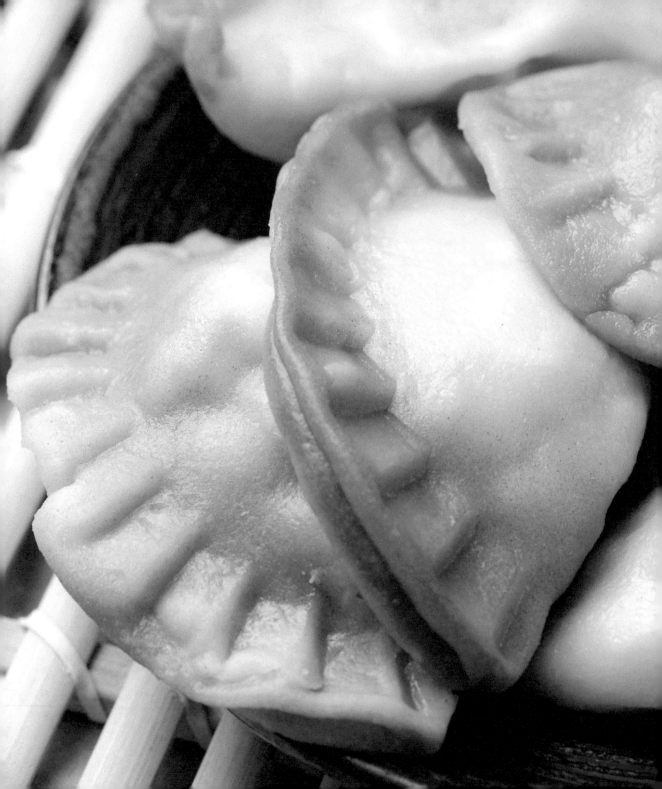

5.5 水晶牛肉蒸饺

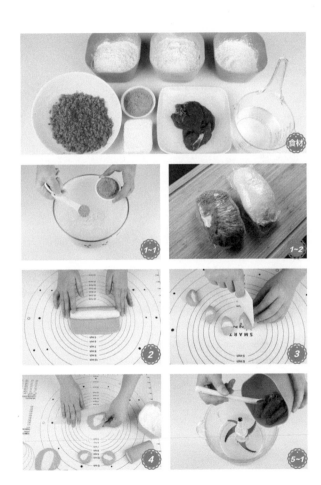

材料

食材：

白面团食材如下	绿面团食材如下
面粉 40 克	面粉 40 克
大米粉 15 克	大米粉 15 克
玉米淀粉 10 克	菠菜粉 5 克
水 30 克	玉米淀粉 10 克
	水 40 克

馅料食材如下
牛肉 25 克
胡萝卜末 40 克
奶酪 15 克

做法

1. 将白色面团和绿色面团的食材均匀混合，加入温水分别和成面团。

2. 将绿色面团擀成薄饼状，白色面团撮成圆柱状，用绿色面饼包裹住圆柱形的白色面团。

3. 将卷好的面团滚圆切成小剂子。

4. 取一份剂子擀成饺子皮。

5. 把牛肉和胡萝卜放入料理机中打成馅，加入少量奶酪搅拌均匀。

6. 取一张饺子皮放入适量的馅料，捏合饺子模具的边缘成为饺子。

7. 在锅中加入水，沸腾后将饺子入锅，煮约10分钟捞出。

★ 小俏爱的提示

★ 给狗狗制作的饺子，馅料最好以新鲜的肉类为主，辅以少量的蔬菜，不需要额外添加食盐和其他调味品。

★ 平时包好的饺子，可以采用冷冻的方法保存起来，狗狗吃前煮熟即可。

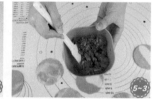

5.6 糙米鸭肉奶酪粽子

食材

材料

食材：糙米 300 克　　　燕麦 30 克
　　　鸭胸肉 200 克　　粽子叶若干
　　　牛肝 20 克
　　　奶酪碎 30 克

做法

1. 把糙米和粽子叶提前泡水 4 小时以上。

2. 把鸭胸肉去皮取瘦肉部位，切成小块。

3. 将鸭胸肉块放入泡好的糙米中。

4. 加入奶酪碎和燕麦片，混合成粽子馅。

5. 取 2 片粽子叶，从一端起向上叠成锥形，
   往其中填入适量馅料包好。

6. 放入锅中烧水蒸煮 60 分钟，出锅放凉即
   可食用。

 ★ 小俏爱的提示

★ 人吃的粽子，通常使用糯米来提升口感，但却不适合
"毛小孩们"食用，糯米的黏性无论从食用的安全性，
还是从消化性来说，都是不太理想的食材，所以要谨
慎使用。

★ "毛小孩们"吃的粽子，可以以肉类为主，佐以少量
的米类和蔬菜。

第 **6** 章

狗狗的营养浓汤

身边有特别多的狗狗都非常喜爱浓汤，这不仅是因为浓汤的味道鲜美，汤汁浓郁，更是因为浓汤和狗狗日常所食用的干粮有着较大的不同。水分含量较高、鲜味突出，这些都可能是它们难以拒绝的原因。

在这一章，我们根据时令，设计了 7 款不同口味的浓汤，烹饪手法非常简单，适合养宠物的朋友们在家里制作给"毛孩子们"吃。浓汤极大程度上保留了食材中的营养，汤汁营养保留得也十分完好，主人们平时做好的浓汤可以装在密封保鲜盒里，然后放在冰箱中冷藏，食用之前用蒸锅或者微波炉加热即可。

那么浓汤系列比较适合哪些狗狗食用呢？

1. 带有丰富汤水的食物，比较适合牙齿问题严重的老年狗狗。由于牙齿的疏松或脱落等问题，它们不能啃咬偏硬的食物，柔软而汤汁丰富的食物可以让它们更好地吞咽和消化吸收。

2. 有挑食问题的狗狗。我身边有很多小狗挑食问题比较突出，它们不愿意吃狗粮，但偏爱鲜肉，这是因为鲜肉中含有大量的水分、丰富的蛋白质和适当的脂肪。浓汤系列的食物都含有丰富的汤汁，并且以肉类为主要食材制成，从食材的比例到食物的状态来看，都比较符合狗狗的偏好。一般我们可以将浓汤与狗狗平时吃的干狗粮搅拌在一起，给狗狗食用。

3. 泌乳期的"狗妈妈"，"狗妈妈"生了小宝宝，并且要提供充足的乳汁以确保它们健康成长，这个阶段"狗妈妈"需要额外补充水分来保证充足的营养，浓汤是一个非常理想的选择。

4. 受尿道问题困扰的狗狗。很多狗狗都有不爱喝水的习惯，如果长期食用干狗粮又不喜欢喝水，患上泌尿性系统疾病的概率就会大大上升，尤其是一些有基因缺陷的纯种犬，比如迷你的雪纳瑞，它们的泌尿系统疾病的发病率很高，这个时候主人们若要通过改变它们的食物状态帮助它们预防疾病，浓汤就是一个非常理想的选择。

5. 长期食用干狗粮且不爱喝水的狗狗们。如果您家的狗狗平时食用干狗粮，那么一定要密切观察它们每天的饮水情况。一旦发现狗狗不喜欢喝水，尿液又变得很黄，建议大家改变狗狗的饮食。最简单的方法是在干狗粮中加入一些水或者浓汤，让它们把水吃进肚子里。

6. 需要补充额外营养的狗狗。还有很多种情况，都可以用营养的浓汤料理来为狗狗补充它们所需要的营养元素，比如减肥浓汤、美毛浓汤、祛火浓汤、低脂浓汤等。

浓汤的保存。

因为汤汁中营养较为丰富，可以选择食品密封盒来保存，在冰箱中冷冻这一方式最为推荐，可以在加热后给"毛小孩们"混合着狗粮喂食。也可以将浓汤分成小份装在保鲜袋或冰盒中，每次食用时取出一份加热即可。

6.1 鸡肉南瓜乳酪浓汤

材料

食材： 南瓜 150 克　　鸡胸肉 150 克
　　　鲜乳酪 15 克　　海藻粉 1 克
　　　豌豆 15 克　　　水 200 克

做法

1. 把南瓜切成块，放在蒸锅中蒸熟。

2. 把鸡胸肉切成丁备用。

3. 在锅中倒入蒸好的南瓜，加入适量的水翻炒成泥状。

4. 在南瓜泥中加入奶酪，加热至奶酪完全融化呈冒泡的状态。

5. 在南瓜奶酪糊中放入豌豆，继续煮约 2 分钟。

6. 加入切好的鸡胸肉丁并搅拌均匀，小火炖煮约 10 分钟，盛出浓汤后，在表面撒上少量海藻粉。

★ 小俏爱的提示

★ 鲜食料理一定要放至常温状态再给狗狗食用。

★ 南瓜的香甜是许多狗狗偏爱的味道，这款浓汤搭配了高蛋白、低脂肪的鸡胸肉，让所含的营养更容易被"毛小孩们"吸收。

★ 乳酪又称作"奶黄金"，是奶中的精华，可以为"毛小孩们"提供日常所需的蛋白质和微量元素及钙，是一款非常理想的营养补品。

★ 这款浓汤适合胃肠消化能力不太强的狗狗，或者平日里经常有便秘困扰的狗狗。

6.2 紫薯山药老鸭浓汤

材料

食材：紫薯 50 克　　鸡心 25 克
　　　山药 150 克　　黄金亚麻籽粉 5 克
　　　去皮鸭胸肉 110 克

做法

1. 把紫薯、山药去皮切成丁备用。

2. 把去皮鸭胸肉和鸡心切成小块。

3. 把切好的鸭胸肉和鸡心放入料理机打成肉泥。

4. 在锅中加水，加入肉泥煮开，捞出血沫，然后加入紫薯丁和山药丁继续炖煮约 15 分钟。

5. 出锅前撒入少量黄金亚麻籽粉即可。

★ 小俏爱的提示

★ 山药是一种药食同源的食材，热量极低，并且富含黏液蛋白，可以保护肠胃，改善消化问题。去皮后的山药极容易出现氧化变黑的现象。将去皮的山药泡于冷水中保存，可以有效改善变黑的问题。

★ 鸭胸肉是凉性食材，非常适合热性体质的狗狗食用，也常用于夏季饮食中，可减少"毛小孩们"身体中的"燥热"。

6.3 鸭肉雪梨清火汤

材料

食材: 鸭肉 100 克　　枸杞 4 克
　　　雪梨 70 克　　　水 250 克
　　　菊花 1 朵

＊图片展示整颗雪梨，按需求量取材即可。

做法

1. 去除鸭肉的脂肪部分，取其瘦肉部分，切成丁备用。

2. 将凉水倒入锅中，鸭肉丁凉水入锅，煮沸并去掉血沫。

3. 将雪梨洗净后切成丁，放入锅中煮 3 分钟。

4. 加入菊花再煮 2 分钟。

5. 加入枸杞再煮片刻即可出锅，放凉后食用。

★ 小俏爱的提示

★ 夏天经常有"毛小孩"出现精神不佳、眼角分泌物增多等上火现象，可以选用凉性的鸭肉与雪梨进行搭配来熬汤，该汤汁较为清淡，又拥有不错的降火功效。

★ 菊花属于比较温和的草本植物，具有清热降燥、平肝明目的作用，适合日常泡水或者放在浓汤中炖煮食用。

★ 需要注意的是，如果菊花花朵过大且略有苦味，食用时将其捞出，饮其汤即可。

6.4 牛肉番茄土豆浓汤

食材

材料

食材: 小番茄 100 克　　水 40 克
　　　土豆 100 克　　　羊奶粉 10 克
　　　牛里脊 140 克

做法

1. 把小番茄提前洗干净并去掉绿色蒂部分，放入料理机，加少量水打成番茄泥。

2. 把牛肉切成小块，放入料理机中打成牛肉泥。

3. 土豆去皮切成丁备用。

4. 向锅中倒入番茄泥，用小火煮开。

5. 加入牛肉泥和土豆丁，煮约 10 分钟。

6. 出锅前放入羊奶粉调味即可。

★ 小俏爱的提示

★ 牛肉的蛋白质含量较高，我们选择的是牛里脊肉，其蛋白质含量高达 26%。牛肉被广泛地使用在狗狗日常的餐食中，它不仅含有丰富的蛋白质，脂肪含量也较低，而且含有肌氨酸和卡尼汀成分，能够帮助狗狗提高脂肪代谢，达到减肥和促进肌肉生长的作用。牛肉中还含有丰富的铁，对"毛小孩们"的贫血问题有很好的预防和改善作用。

★ 土豆属于碱性食物，氨基酸种类比较丰富，特别是含有谷物中缺少的赖氨酸，是比较理想的碳水化合物的食材来源，可以为"毛小孩们"提供日常所需能量。

6.5 冬瓜羊肉枸杞浓汤

材料

食材：羊奶粉 10 克　　羊瘦肉 90 克
　　　冬瓜 75 克　　　枸杞 3 克

食材

做法

1. 把冬瓜和羊瘦肉洗净切成小块，把羊瘦肉放入料理机打成肉泥。
2. 在锅中放入羊肉泥和适量的水，焖煮约 10 分钟。
3. 放入切好的冬瓜小块继续煮约 5 分钟。
4. 加入枸杞后再煮片刻即可。

★ 小俏爱的提示

★ 羊肉最适合用来在寒冷的冬天补身体，羊肉是温性食材，特别适合体寒的狗狗食用，比如很多小型狗狗、一年四季都四肢冰冷的狗狗，可以经常食用羊肉来温补。食用时应选择瘦肉部位，而羊肉中肥肉的脂肪含量较高，且饱和脂肪含量过高，不建议大量食用羊肉中的肥肉部分。

★ 冬瓜营养丰富，水分含量较高，不仅含有多种维生素、粗纤维以及矿物质，还有助于减肥降脂。但冬瓜中钾含量较高，肾脏功能不好的狗狗不要食用过多。

6.6 鱼骨胶浓汤

材料

食材： 丁香鱼 40 克 花椰菜 20 克
三文鱼 50 克 胡萝卜 20 克
龙利鱼 60 克 海带 10 克

＊图中展示了整根胡萝卜，按需求量取材即可。

做法

1. 分别将 3 种鱼肉切成块。

2. 锅中加水，放入 3 种鱼肉并煮熟。

3. 将煮好的 3 种鱼肉放入料理机打成糊状。

4. 将海带、胡萝卜、花椰菜切成小块。

5. 把各种蔬菜一起放入料理机打成蔬菜碎。

6. 将肉糊放入锅中继续炖煮，再放入准备好
   的蔬菜碎炖煮约 3 分钟即可。

★ 小俏爱的提示

★ 鱼肉中含有丰富的蛋白质，我们选用的 3 种白色的鱼肉，
肉质鲜美，不仅蛋白质含量丰富，而且脂肪含量特别低，
非常适合消化能力弱和需要减肥的狗狗食用。

★ 胡萝卜含有丰富的胡萝卜素，在狗狗体内可以转化为
维生素 A。这种营养元素需要与脂肪一起才能被吸收
利用，所以适合与鱼肉一起炖煮。

★ 海带和花椰菜都是富含膳食纤维的食材，可以促进狗
狗排便。膳食纤维拥有较强的吸水性，可帮助提升狗狗
的饱腹感，在减肥期食用再好不过了。

6.7 莲子绿豆鸡肉浓汤

材料

食材： 莲子 8 克　　　百合 3 克
　　　绿豆 20 克　　　水适量
　　　鸡胸肉 50 克

做法

1. 把鸡胸肉切成丁。

2. 在锅中加入水，将鸡胸肉丁煮熟，捞出控干水分。

3. 把莲子、绿豆和百合提前泡水 4 小时以上。

4. 在锅中烧水，加入莲子、绿豆和百合煮约 30 分钟。

5. 加入鸡胸肉丁继续煮约 10 分钟即可。

 ★ 小俏爱的提示

★ 绿豆皮是凉性的而绿豆的肉是平性的，如果在炎热的夏季为狗狗解暑降燥，可以带皮食用，且最好煮至绿豆开花软烂的状态，这样易于消化。绿豆极易被氧化，导致汤水变色。如果将水烧开再放入绿豆，可以避免这样的问题出现。

★ 莲子寒凉之物，所以不要过量喂食狗狗，否则可能会造成狗狗肠胃不适。食用莲子时，尽量去除莲心，以免汤水苦味浓重，影响狗狗进食。

★ 百合性微寒，适合热性体质的狗狗食用，具有解毒、理脾健胃、利湿的作用。适合在夏天用来制作解暑营养汤。

第 **7** 章

营养饭团

狗狗更喜欢用新鲜的天然食材制成的食物，它们长期食用这些食材制成的食物，不仅能够更充分地吸取食物中的营养，而且可以提高身体的抵抗力，还能帮助毛发生长等。

总结下来有如下好处。

1. 优质的食物配比。这使狗狗对食物消化得更加充分，排便量变少，便便的臭味也减少。一般的鲜食，我们会给狗狗 50% 以上的新鲜肉类作为主要食材，优质的易消化的蛋白质是狗狗健康的基本保障。

2. 毛色变化。新鲜的肉类中富含狗狗身体所需的多种必需氨基酸，它们是狗狗拥有一身靓丽毛发和理想颜色的基础。除此之外，鲜肉中含有的微量元素和矿物质，有助于狗狗体内黑色素的沉淀，帮助狗狗毛发减少褪色的发生。

3. 胃口变好了。鲜食中不仅肉的含量较高，还含有大量的水分。狗狗喜欢水分含量较高的食物，给狗狗吃鲜食，你会发现狗狗会十分开心。

4. 抵抗力提高了。因为消化率的提高，摄取到了食物中更多的养分，再加上可以根据时令来选择当下的食物，还可以根据狗狗的不同体质、营养特点来调整饮食，这都非常有助于提高狗狗的健康指数，增强身体的抵抗力，减少疾病的发生。

5. 解决狗狗挑食的问题。食材种类的调整，可以让狗狗很好地接受不同风味的鲜食，而不像干狗粮那样形成过于明显的口味差异，产生挑食的问题。

6. 不含有任何防腐剂成分。我们制作的鲜食都取材于新鲜的天然食材，不添加任何防腐剂，不会对狗狗的身体造成伤害。但正因为如此，鲜食的保存时间不会很长，主人们更要注意合理的储存方式，不要让狗狗误食变质的食物。

7. 可以按优质的食物比例来搭配。干狗粮因工艺的特点，原料中含有大量的碳水化合物，狗狗们虽然可以接受较大碳水化合物比例的食物，但是优质的易消化的蛋白质的摄入才是更加理想的选择。一般我们建议给狗狗食用的鲜食中新鲜的肉类占 50% 以上、碳水化合物占 30% 以下，这样比例的食材对狗狗来说会更加理想。

8.水分增加可以在一定程度上防止泌尿疾病的发生。有很多小型狗狗不愿意饮水，并且因为饮水量过小而引发泌尿系统疾病患病率上升。在这种情况下，建议主人们给狗狗选择鲜食时，通过增加食物中水分的方法让狗狗将水分摄入体内，以减少类似疾病的发生。

一份理想的狗狗营养餐应遵守的原则如下。

• 食材的丰富性和多样性。多种食物混合食用，可以实现营养元素互补，达到营养价值最大化的目的。比如，不同肉类中的必需氨基酸的含量不同，当我们选择不同肉类给狗狗一起食用时，有助于氨基酸整体的丰富和平衡。再如一般谷物中往往缺少赖氨酸，而燕麦和豆类中的赖氨酸含量较高，杂粮的营养价值要比单一的某种谷物高得多。

• 以优质的易消化的动物蛋白质为主，主要是肉类、蛋类和乳制品。但要注意所选择肉类的部位，尽量选择脂肪含量较低的部位，避免脂肪过量。

• 狗狗需要一定的脂肪。鲜食中一定要含有适量的脂肪，这不仅可以为狗狗提供热量，还可以增加饱腹感，利于脂溶性维生素的代谢。但一定要挑选健康的油脂给狗狗食用，推荐大家选择日常食用的植物油或深海鱼油，它们都富含不饱和脂肪酸，非常有益于狗狗毛发的生长和肠道健康，还可以减少心肌和骨关节问题的发生。尽量避免大量食用饱和脂肪酸含量丰富的动物的脂肪，如猪油、羊油和牛油。有些主人并不会给狗狗的鲜食额外增加油脂，这样的做法也并不一定正确。当我们选择了脂肪含量过低的肉类时，那么餐食中的整体脂肪含量过低，并不能保证狗狗日常的身体所需，也会产生一系列的负面作用，如体重减轻、维生素代谢受阻、毛发暗淡等。可以在鲜食表面淋少许植物油，这会增加狗狗的食欲；但不可过量，因为油腻感较强的食物，狗狗食用后可能会呕吐。

• 狗狗饮食中需要适当的碳水化合物。虽然狗狗对碳水化合物的利用能力不及人类，但碳水化合物作为提供能量的主要营养元素，对于狗狗来说也是必不可少的。只要注意给狗狗喂食合理的碳水化合物比例的食物，对它们的身体健康还是非常有益的。

• 适量的膳食纤维是狗狗肠道的"保护神"。膳食纤维属于多糖，是碳水化合物的一种，并不能产生能量，粗纤维更不能被消化掉，它们对于狗狗身体的意义在于，高吸水性可以提高饱腹感、帮助减肥，而且粗纤维可以促进肠道蠕动、促进排便，避免便秘的发生。

• 狗狗饭食中必须添加狗狗日常所需的维生素和矿物质。这部分的营养经常被很多主人所忽略，比如钙、磷、铁、维生素 B 族、维生素 A 及微量元素等。吃自制饭食的狗狗之所以容易出现缺少微量元素或缺钙问题，是因为主人们并不了解六大营养元素对于狗狗的重要意义，他们可能将更多的注意力放在"以肉为主"这句话上。在每餐自制饭食中，都要添加足量的维生素和矿物质元素。只有满足了狗狗对所有营养元素的基本需求，才能称为健康的、科学的自制饭食。

• 鲜食中的水分含量高达 60% ~ 80%，而干狗粮的水分含量只有 9% ~ 10%，狗狗日常的饮水量可以根据狗狗所食用的主粮类型而调整。食用湿粮的狗狗，每日的饮水量基本不用担心，因为食物中已经提供了充足的水分。但如果是吃干粮的狗狗，每日又不爱喝水的话，主人们就要注意了，要想办法让狗狗摄取更多的水分，避免因缺水而导致一系列的健康问题。比如，夏天饮水量过少的狗狗容易中暑；很多小狗不喜欢喝水，导致结石类疾病的发病率上升。

7.1 红枣薏米鸡肉饭团

材料

食材：红枣 5 颗

薏米 15 克

鸡胸肉 250 克

熟黑芝麻 8 克

大米 50 克

鸡肝 10 克

橄榄油 8 克

蛋壳粉 2 克

做法

1. 将薏米、大米及红枣一起泡水 2 小时。

2. 把红枣切成小碎块与米类一起蒸熟。

3. 把鸡胸肉和鸡肝切块并煮熟。

4. 将煮熟的鸡胸肉块放入料理机中打碎。

5. 取适量薏米红枣饭加入少量鸡胸肉碎拌均匀。

6. 加入橄榄油和黑芝麻。

7. 将饭团的食材搅拌均匀。

8. 将食材放入饭团模具中压成可爱的形状。

★ 小俏爱的提示

★ 主人们可以一次性做出 1~2 天的分量，分装在密封盒中，放于冰箱冷藏保存。食用前要记得适当加热，以减少冷食对狗狗肠胃的刺激。

★ 薏米性凉，可以健脾、祛除湿热；红枣温性，有益脾胃；大米的营养比小麦要高很多，米中的氨基酸也更加丰富，将米粒完全煮软后非常易于消化。

★ 黑芝麻和白芝麻中不饱和脂肪酸的含量占 80%，且含有丰富的维生素 E 和矿物质，有益于狗狗体内黑色素的沉定。但在喂狗狗时要尽量用料理机研磨成粉或打碎，这样能让狗狗更好地消化吸收。

7.2 丁香鱼牛肉千层饭

材料

食材： 大米 50 克　　　丁香鱼 50 克
　　　薏米 10 克　　　玉米油 15 克
　　　海苔丝 3 克　　　糙米 20 克
　　　牛里脊 150 克　　蛋壳粉 3 克

做法

1. 将大米、糙米和薏米泡水 2 小时，蒸熟。

2. 混合 3 种不同的米饭，加入海苔丝和蛋壳粉。

3. 加入玉米油搅拌均匀。

4. 将牛里脊切成小块，放入锅中煮熟。

5. 把煮好的牛肉块放入料理机中打成肉末。

6. 给模具内侧刷油以防粘连。

7. 将拌好的米饭铺一层在模具中，压实，然后填入一层肉末压实，最后再依次填入米饭、肉末并压实。

8. 将模具装满后，用盖子压实然后脱模。将丁香鱼焯水后撒在饭团上面，最后加少量海苔丝点缀即可。

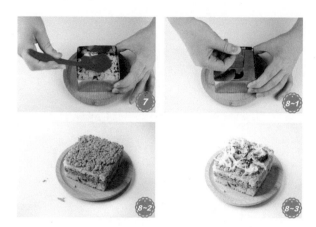

★ 小俏爱的提示

★ 海苔丝浓缩了紫菜中的维生素 B 族，特别是核黄素和烟酸的含量十分丰富，还有维生素 A 和维生素 E，以及少量的维生素 C，海苔中含有 15% 左右的矿物质，其中有维持狗狗正常生理功能所必需的钾、钙、镁、磷等。

★ 丁香鱼含有大量的 DHA 和 EPA，这也是三文鱼油的主要成分，对肠道和骨关节有消炎作用。丁香鱼味道鲜美，我们还可以将其制作成小鱼干或者磨成粉作为狗狗料理的调味剂。

★ 在米类的选择上，我们特别加入了少量的糙米来提高这款鲜食的膳食纤维含量。肉类食物中缺少膳食纤维，而在没有其他蔬菜加入时，可以通过增加粗粮的方式来提高食谱中的膳食纤维的含量，促进狗狗肠道的代谢和蠕动。

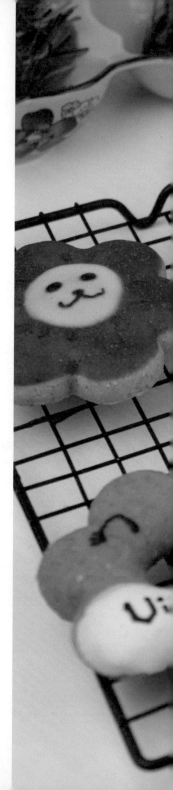

7.3 秋刀鱼黑米青豆奶酪饭团

材料

食材： 秋刀鱼 100 克　　奶酪碎 5 克
　　　 黑米 50 克　　　　猪心 80 克
　　　 青豆 40 克　　　　橄榄油 6 克
　　　 胡萝卜 40 克　　　蛋壳粉 1.5 克

做法

1. 将黑米提前泡水 2 小时，加适量水蒸熟成米饭。

2. 把猪心片放入沸水中焯熟。

3. 把秋刀鱼蒸熟后切碎备用。

4. 把青豆放入锅中，煮约 8 分钟。

5. 把胡萝卜切成细丝放入沸水中焯水断生。

6. 在肉碎和蔬菜中加入橄榄油和蛋壳粉混合均匀备用。

7. 取锡纸，剪成边长约为 10 厘米的正方形。

8. 在饭团模具内铺入锡纸，表面刷油，放入黑米饭压成小碗形状。

9. 将塑形好的黑米碗托放入烤盘中，170 摄氏度烘烤 30 分钟。

10. 将拌好的馅料装入烤好的黑米碗托即可。

★ 小俏爱的提示

★ 秋刀鱼营养丰富，不饱和脂肪酸含量较高，属于高脂肪类的鱼肉，是狗狗非常喜爱的食物。秋刀鱼富含狗狗身体必需的 DHA 和 EPA 两种脂肪酸，和三文鱼的脂肪酸成分相似，但脂肪含量不及三文鱼。丰富的不饱和脂肪酸，不仅对狗狗有着美毛的作用，还可以保护心脏和血管健康。

★ 橄榄油的脂肪酸以不饱和脂肪酸为主，更适合低温烹饪的方法。我们一般将橄榄油淋在狗狗食物的表面或者与其他加工好的食物混合食用，这样营养元素不被破坏，可以保存橄榄油中的营养价值。

★ 黑米富含花青素和微量元素，可以帮助狗狗提高黑色素生成水平，有助于毛发生长。但黑米中含有淀粉，在烘烤过程中需要在锡纸表面刷油，防止粘连。

7.4 鸡肉蛋黄小米饭团

材料

食材：鸡胸肉 200 克　　西蓝花 50 克
　　　鸡蛋黄 20 克　　　亚麻籽粉 3 克
　　　大米 50 克　　　　橄榄油 9 克
　　　小米 30 克

做法

1. 把大米和小米提前泡水 2 小时，然后蒸熟。

2. 把鸡胸肉切成小块煮熟放入料理机打成肉碎。

3. 把西蓝花和蛋黄放入锅中煮熟并切碎备用。

4. 混合 2 种米饭，加入亚麻籽粉和肉碎。

5. 加入西蓝花碎和橄榄油搅拌均匀。

6. 将饭团食材放入模具中压出形状即可。

★ 小俏爱的提示

★ 小米容易消化，适合消化功能弱的狗狗食用，小米含有丰富的膳食纤维，有利于胃肠蠕动，建议狗狗在减肥期间食用。

★ 在这款饭团中，加入了鸡蛋黄、亚麻籽粉和橄榄油，它们都是富含不饱和脂肪酸的食材，让这款鲜食有很棒的适口性，香味扑鼻。

★ 钙粉，可以使用狗狗专用的钙磷粉，也可以选择自家制作的蛋壳粉或者骨粉，给狗狗提供日常所需的钙。

7.5 牛肉鹌鹑蛋饭团

材料

食材： 大米 50 克   南瓜 20 克
　　　糙米 20 克   红甜椒 15 克
　　　牛肉 80 克   橄榄油 10 克
　　　鹌鹑蛋 20 克

做法

1. 将大米和糙米提前蒸成米饭混合均匀，再加入橄榄油搅拌均匀。

2. 把牛肉和南瓜分别切成小块。

3. 把切好的牛肉和南瓜分别放入碗中，在表面盖保鲜膜放入微波炉内 5 分钟蒸熟。

4. 将蒸好的牛肉和南瓜放入料理机中打碎。

5. 把红甜椒切碎并与南瓜和牛肉混合。

6. 取适量蒸好的米饭放入饭团模具，在中间放一颗去皮的鹌鹑蛋。

7. 盖上一层红甜椒、牛肉和南瓜，填满模具即可。

★ 小俏爱的提示

★ 糙米的钙和纤维素含量都比大米要高，适量地给狗狗食用有利于狗狗胃肠的蠕动，保障狗狗的肠道健康，减少便秘的问题。糙米中的不可消化的纤维素，同时也可以减慢消化的速度，所以糙米是一种理想的低 GI 食物，但不建议给狗狗当作主食食用，少量添加即可。

★ 在制作这款饭食的时候，可以将所有的食材加工处理好后直接混合后给狗狗们食用；也可以根据做法，分层填入模具中塑形，这样外形更加漂亮诱人。

7.6 南瓜小米牛肉饭团

材料

食材： 大米 50 克　　小番茄 50 克
　　　 小米 30 克　　亚麻油 9 克
　　　 牛里脊 200 克　黑芝麻 3 克
　　　 南瓜 30 克

做法

1. 把小米和大米混合，加水蒸熟，也可以用家里没吃完的熟米饭代替。

2. 把南瓜和小番茄切成丁。

3. 把牛里脊切成小块煮熟。

4. 将煮好的牛里脊放入料理机中打碎。

5. 将米饭、蔬菜丁和牛里脊等食材混合均匀。

6. 取适量混合食材，填入模具中压实，撒上少许黑芝麻即可。

★ 小俏爱的提示

★ 牛里脊是牛身体中蛋白质含量较高的部位，可为狗狗提供丰富的必需氨基酸，牛肉中的铁可以增强造血功能同时防止贫血。常食用牛肉，有助于增长肌肉，特别适合成长期的狗狗食用。

★ 小番茄可以选择生食，不需要加工成熟，这样可以很好地保留番茄中的维生素。

★ 为了狗狗可以更好地消化掉芝麻中的营养元素，可以在加工时将黑芝麻打碎后混合于其他食材中。

7.7 豌豆三文鱼寿司

材料

食材：大米 60 克　　　三文鱼 200 克

　　　豌豆 30 克　　　橄榄油 5 克

　　　西蓝花 20 克　　海苔片 2 片

做法

1. 把三文鱼放入锅中蒸熟后切碎。

2. 把豌豆和西蓝花分别焯水。

3. 将焯水后的豌豆和西蓝花切碎备用。

4. 在米饭（蒸熟的）中加入橄榄油并混合均匀。

5. 取 2 片海苔片铺在寿司模具中，取适当米饭放入模具中压实。

6. 放入三文鱼肉碎和蔬菜碎后压紧。

7. 再在表面盖上一层米饭，用海苔片包紧。

8. 用刀将寿司卷切成小段。

★ 小俏爱的提示

★ 买来的海苔片如果太薄，可以2片铺在一起，避免漏馅。

★ 三文鱼蒸熟后的汤汁最好不要丢弃，可以加到米饭中，让大米吸收鱼肉汤汁的味道，狗狗会更加喜爱。

7.8 秋葵海苔鸭肉饭团——减肥期特供食品

材料

食材： 大米 60 克　　紫薯 50 克
　　　 秋葵 30 克　　钙粉 1 克
　　　 鸡肝 10 克　　菜籽油 10 克
　　　 海带 20 克　　柴鱼片 3 克
　　　 鸭肉 200 克

做法

1. 将鸭肉和鸡肝切成小块放入锅中煮熟。

2. 将紫薯切成小块，放入锅中蒸熟。

3. 将煮好的鸭肉和鸡肝放入料理机中打成肉碎。

4. 将秋葵切成薄片备用。

5. 蒸米饭。将蒸好的米饭与打碎的鸭肉和鸡肝及紫薯块混合。

6. 将海带切碎后加入米饭中，再加入钙粉和菜籽油混合均匀。

7. 取饭团模具，填入饭团食材压实。

8. 饭团脱模。

9. 取少量的柴鱼片和秋葵片撒在表面即可。

★ 小俏爱的提示

★ 这道营养的狗狗饭团,含有丰富而优质的蛋白质,主要来源于鸭肉,且它的脂肪含量不超过9%,非常适合需要减肥的狗狗食用。

★ 紫薯中的花青素含量丰富,但花青素易溶于水中,所以可以采用蒸的方式加工,这样会减少花青素的流失。

7.9 枸杞牛肉燕麦饭团

材料

食材： 大米 60 克　　　香菇 30 克
　　　燕麦片 50 克　　橄榄油 12 克
　　　枸杞 3 克　　　　钙粉 1 克
　　　牛肉 200 克　　　海苔碎 3 克

做法

1. 将燕麦片提前加水煮熟或者和米饭一起蒸熟。

2. 将香菇切成丁或者用料理机打碎。

3. 将香菇丁焯水断生。

4. 将焯过水的香菇和枸杞倒入网筛中沥水。

5. 将牛肉碎与蒸好的米饭混合均匀。

6. 放入提前准备好的燕麦片和香菇碎并混合均匀。

7. 加适枸杞和橄榄油及钙粉混合均匀。

8. 取适量填入模具中塑形。

9. 将饭团压实后脱模。

10. 取少量海苔碎撒于表面。

★ 小俏爱的提示

★ 常见的燕麦片分为 3 种。第 1 种为整颗燕麦压扁后的厚燕麦片，也叫作生燕麦片。第 2 种为即食燕麦片，在热水或热牛奶中泡 3 分钟即可食用，这种即食燕麦片已经经过了熟化加工。第 3 种为膨化燕麦片，即大家日常当作零食直接吃的那种，松脆度较高。在制作狗狗饭食时，常用的是生燕麦片，虽然需要经过蒸煮加工，但营养价值也是很高的。一般我们和其他谷物一起蒸熟后使用即可。

★ 香菇中的多糖可促进 T 淋巴细胞的产生，加强机体免疫力；香菇也是补充维生素 D 的食物，长期食用，可以促进对钙的吸收。

★ 香菇中丰富的维生素 B 族，对于改善溢脂性皮炎等有很大的帮助，有助于增强狗狗的皮肤抵抗力。

 附录 1 提供蛋白质的食材

名称	特点
鸡肉	易于消化吸收的优质动物蛋白质来源，较低的脂肪含量，易于消化吸收，是狗狗各生长阶段都适合食用的一种理想食材。一般推荐使用鸡胸肉，蛋白质含量较高且易于加工
牛肉	优质的蛋白质来源，富含肌氨酸和卡尼汀，可以提高脂肪代谢率，对肌肉增长和减脂有很好的作用。牛肉的铁含量高，可以促进血红细胞的合成，预防贫血
鸭肉	优质的动物蛋白质来源，鸭肉性凉，较适合炎热季节或体质燥热的狗狗食用，推荐使用鸭腿或者鸭胸肉
兔肉	兔肉同鸭肉很相似，性凉，比较适合夏季食用。兔肉的脂肪含量极低，有"荤中之素"之称。是有减肥、低脂肪饮食需求的狗狗的理想选择
鱼肉	一般推荐不饱和脂肪酸含量丰富的深海鱼类，营养价值较高，一般来说，深色的鱼肉脂肪含量会偏高，而浅色偏白的鱼肉脂肪含量较低
动物心脏	动物的心脏，如猪心、鸡心、牛心等不仅含有丰富的蛋白质，更富含狗狗必需的牛磺酸，所以我们一般认为动物的心脏是优质的肉类
豆腐	由大豆制作而成的豆腐，富含优质的植物蛋白质，且必需氨基酸的种类非常接近动物蛋白质，豆制品的蛋白质含量高于肉类，但因消化率问题，它并不是最理想的蛋白质来源。豆腐中还含有丰富的钙，可以促进骨骼的生长发育
蛋类	鸡蛋中约有 12% 的蛋白质，蛋黄中丰富的卵磷脂是保证宠物毛发和皮肤健康的关键营养元素，但因生的鸡蛋清中含有的卵白素会抑制生物素的合成，且会导致宠物消化不良，所以鸡蛋需要加工成熟后才可给宠物食用
乳制品	乳制品是一个庞大的"家庭"，牛奶、羊奶、酸奶、奶酪、奶油、黄油等，均由牛奶制成，乳制品中富含优质的蛋白质、脂肪、微量元素和矿物质，是不可多得的提供综合营养元素食材

附录 2 利于狗狗的植物油

名称	特点
花生油	脂肪酸含量均衡,维生素 E 和胡萝卜素等营养成分较多。适合炒菜等短时高温加工
大豆油	不饱和脂肪酸亚油酸含量丰富,富含维生素 E。油烟浓度最高,不适宜高温烹饪。
橄榄油	不饱和脂肪酸含量较高,高温敏感性强,220 摄氏度高温后有致癌物质产生
菜籽油	胆固醇含量低,富含磷脂。不耐热
芝麻油	富含维生素 E、芝麻素、芝麻酚等,有益于预防心血管病。不耐高温
亚麻籽油	必需脂肪酸含量达 50% 以上,几乎等同于深海鱼油。易氧化,最不耐热
小麦胚芽油	富含维生素 E 和多不饱和 ω-6 脂肪酸,促进皮肤及毛发生长,有益骨骼和肠道健康。不耐高温

附录 3 提供碳水化合物的食材

名称	特点
谷物	因谷物中缺乏宠物必需的氨基酸种类，且消化率不如动物蛋白质高，所以我们认为它并不是优质蛋白质的来源，也有营养价值不高的说法。更有人认为，谷物容易引发宠物的过敏反应，应该减少给宠物的食用量。其实，合理地食用谷物，对宠物不会有任何伤害，食物都是有两面性的，并不存在十全十美的食物
土豆	土豆又称马铃薯，含有丰富的淀粉。土豆含有的蛋白质的量，与鸡蛋相似，且消化率高。土豆中的可溶性纤维素含量极高，吸水性强，可以增加饱腹感，帮助减肥
红薯	红薯富含蛋白质、淀粉、果胶、纤维素、氨基酸、维生素及多种矿物质，但含糖量达15%～20%，所以给宠物食用时须注意单次的食用量不可过多，否则会引起胃酸分泌过盛，产生不适。红薯有抗癌、保护心脏、预防糖尿病、减肥等功效
紫薯	除了有红薯的营养成分外，紫薯中还富含硒元素和花青素，有抗氧化作用，可以保护心脏、提高免疫力等
山药	山药含淀粉酶、多酚氧化酶等，利于脾胃消化吸收，还含有黏液、蛋白质、维生素及微量元素，适合有糖尿病、肠胃功能脆弱的狗狗食用
糖	糖果和含有蔗糖类的食物并不是宠物的理想食物，它们热量高，容易引发肥胖和糖尿病，且宠物对糖的消化并不像人这样高，尤其是木糖醇，对宠物来说是禁止食用的食物之一，少量的木糖醇就可能导致狗狗因低血糖而死亡
燕麦片	燕麦中含有丰富的膳食纤维，可以降低血脂、保持血糖平衡及帮助减肥。燕麦中含有的钙、磷、铁、锌等矿物质有预防骨质疏松、促进伤口愈合、防止贫血的功效，是补钙佳品
小米	含有大量酶，有健胃消食的作用，具有防止反胃、呕吐的功效。小米中钙、维生素 A、维生素 D、维生素 C 和维生素 B_{12} 含量很高。小米因富含维生素 B_1、维生素 B_{12} 等，具有防止消化不良及抗神经炎和预防脚气病的作用

 附录 4　狗狗所需的维生素

维生素	功能
维生素 A	维生素 A 有益于宠物眼视觉神经的发育，并可以促进表层细胞的健康，防止宠物皮屑的产生。动物的肝脏、胡萝卜、南瓜等食物中维生素 A 的含量最为丰富
维生素 D	维生素 D，促进骨骼生长发育和钙的吸收。主要的食材来源如蛋黄、鱼肝油等产品。
维生素 E	维生素 E 有抗氧化作用，普遍存在于我们食用的植物油中，可以提高免疫力、抗衰老，提高生育能力等
维生素 K	维生素 K 是促进凝血作用的营养元素。体内的维生素 K 遭到破坏，宠物会有溶血性贫血的风险。 比如我们非常熟悉的宠物不可以吃洋葱，就是因为洋葱中含有破坏维生素 K 的二硫化物成分，会导致宠物溶血性贫血
维生素 C	一般来说，宠物自己可以合成维生素 C，是不需要额外补充的。但在一些特殊情况下，宠物体内的维生素 C 消耗比较严重，可以额外地为它们适当补充，比如换了新环境，天气炎热等情况下，宠物的应急反应强烈时等
维生素 B 族	维生素 B 族，主要可以有效地修复皮肤问题，提高皮肤的抵抗力，防止皮肤病的发生。一般在酵母类和海藻类的食品中，维生素 B 族含量丰富，比如啤酒酵母等

附录 5 微量元素表

名称	功能
钙和磷	钙和磷是组成骨骼和牙齿的主要成分，当宠物缺少钙时，会有骨质疏松等缺钙症状。要防止盲目补钙，如果宠物伴随着软骨组织健康的问题，切不可盲目补钙，因为可能会适得其反。补钙的同时需要摄入适量的磷，才可以促进钙的吸收
钾	钾可以调节细胞内渗透压和体液的酸碱平衡，参与细胞内糖和蛋白质的代谢。有助于维持神经健康、心跳规律正常，可以预防中风，并协助肌肉正常收缩。 狗狗缺钾会出现水肿、心律不齐等症状。患有肾病的宠物要特别留意，避免摄取过量的钾。 常见钾含量比较高的食物有香蕉、蓝莓、黑米、玉米、大豆、牛奶等
氯和钠	关于狗狗吃盐的问题，很多家长都非常关心狗狗到底可不可以吃盐，当然是可以的。宠物的日常饮食中必须含有足量的盐分，才可以保证日常所需。就是说狗狗必须要吃盐，但用量有非常明确和严格的要求，盐分的不足和过量都可能会导致比较严重的健康问题。狗狗对于盐分的需求量不如人这么高，所以要为狗狗制作盐含量低的饭食
镁	镁促进骨骼的形成。对促进骨形成和骨再生，维持骨骼和牙齿的强度和密度具有重要作用。 适度补充镁，让钙维持溶解在血液中的状态，抑制尿液中鸟粪石的形成。绿色蔬菜、杏仁、坚果、豆类、未加工的谷类食品，小麦胚芽、葵花子、南瓜子等，都含有丰富的镁
硫	硫是一种必不可少的元素，它是多种氨基酸的组成成分，因此是大多数蛋白质的组成成分，有助于维护皮肤、头发及指甲的健康、光泽。硫可以促进胆汁分泌，帮助消化，并有助于防止细菌感染